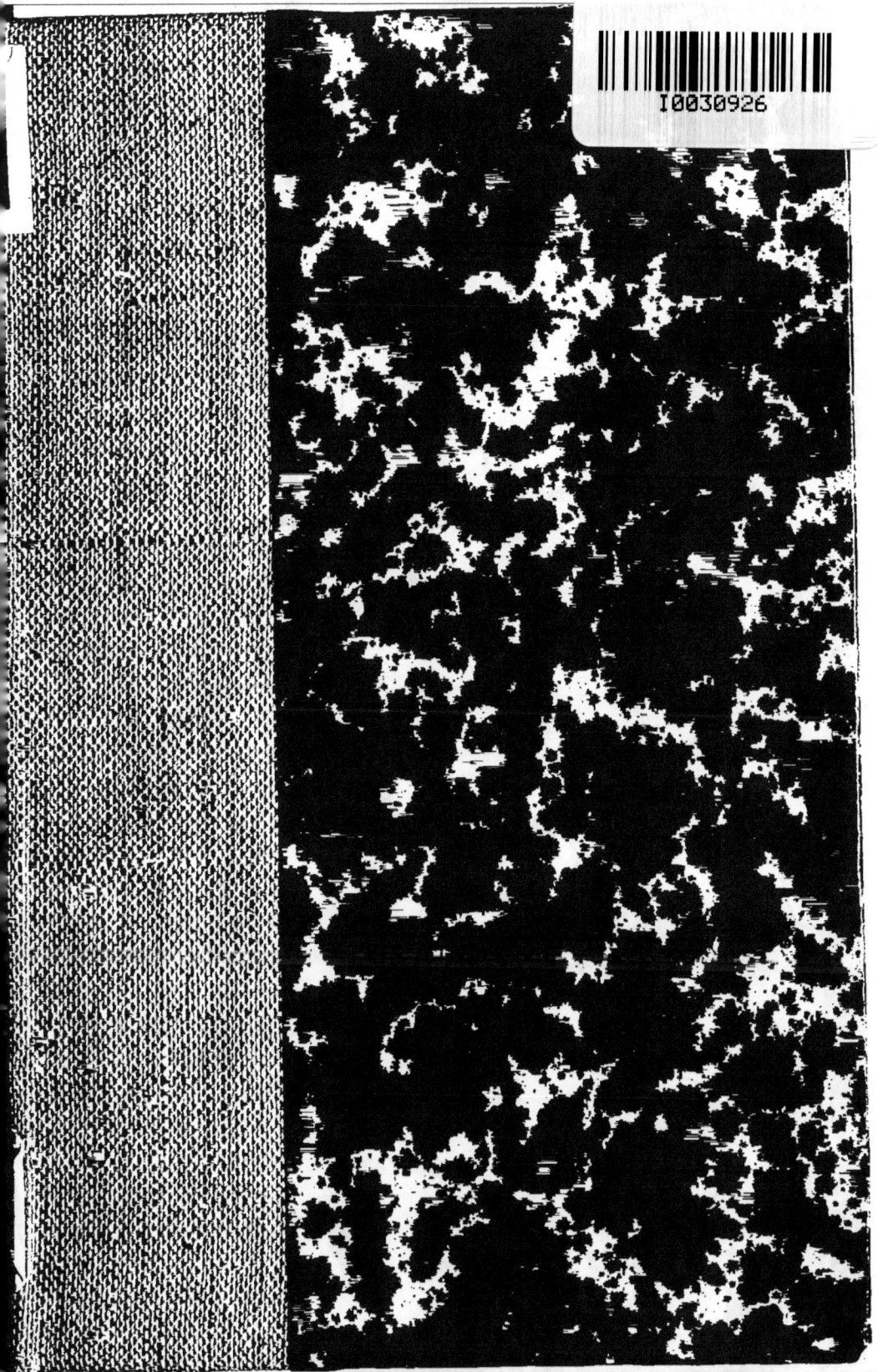

LEÇONS

SUR LA

FERMENTATION VINEUSE

ET SUR LA

FABRICATION DU VIN

PAR M. BÉCHAMP

PROFESSEUR DE CHIMIE A LA FACULTÉ DE MÉDECINE
DE MONTPELLIER

———

MONTPELLIER

C. COULET, ÉDITEUR

LIBRAIRIE SCIENTIFIQUE, MÉDICALE ET LITTÉRAIRE

GRAND'RUE, 5

M DCCC LXIII

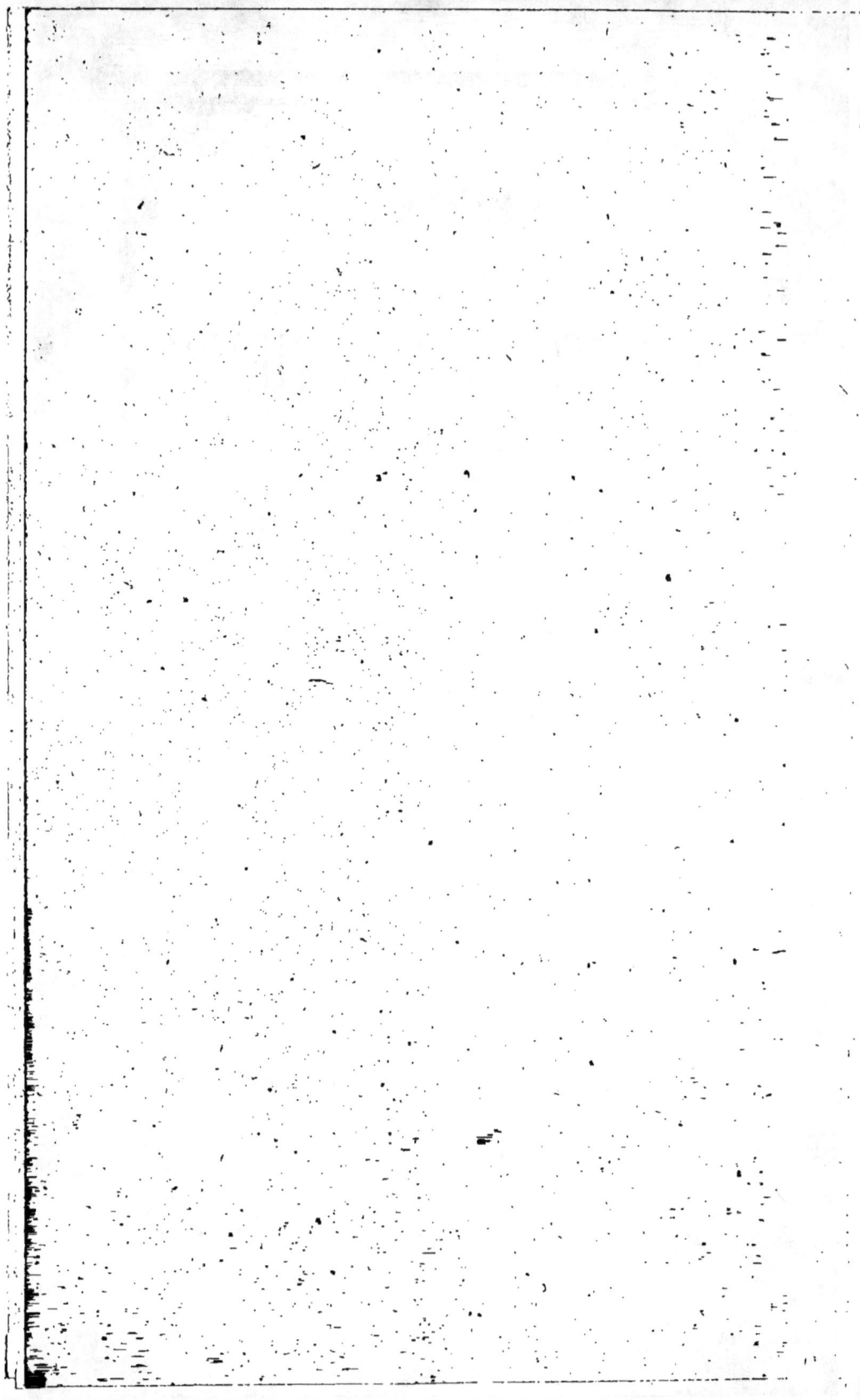

LEÇONS

SUR

LA FERMENTATION VINEUSE

ET SUR

LA FABRICATION DU VIN

MONTPELLIER, IMPRIMERIE GRAS.

LEÇONS

SUR LA

FERMENTATION VINEUSE

ET SUR LA

FABRICATION DU VIN

PAR M. BÉCHAMP

PROFESSEUR DE CHIMIE A LA FACULTÉ DE MÉDECINE
DE MONTPELLIER

MONTPELLIER

C. COULET, ÉDITEUR.

LIBRAIRIE SCIENTIFIQUE, MÉDICALE ET LITTÉRAIRE

GRAND'RUE, 5

M DCCC LXIII

1863

LETTRE A MONSIEUR LOUIS VIALA

POUR SERVIR DE PRÉFACE

Monsieur,

Au moment de livrer à l'éditeur les *Leçons sur la fermentation vineuse et la fabrication du vin,* c'est à vous que je pense. N'est-ce pas à vous surtout qu'en revient l'initiative? C'est vous qui, depuis long-temps, avez pensé que quelques-unes des idées que vous m'aviez entendu émettre dans mes cours de la Faculté de médecine pourraient trouver leur application à la grande industrie de nos contrées, l'art de faire le vin, comme disait Chaptal; c'est encore vous qui, avec une libéralité parfaite, dont je vous exprime ici ma reconnaissance, m'avez mis à même d'en préparer les éléments.

Je me dois aussi d'exprimer toute ma gratitude au public d'élite que j'ai été si heureux de voir réuni dans mon amphithéâtre; son empressement si constant m'a été bien doux.

Je prie aussi M. Gras, directeur du *Messager du Midi*, et M. le docteur Cazalis, directeur du *Messager agricole*, de recevoir mes vifs remerciements pour le concours si bienveillant qu'ils m'ont prêté: ils ont assuré le succès de cet enseignement, que tout le monde, certes, pouvait désirer plus autorisé.

Et maintenant que j'ai, bien incomplétement sans doute, payé la dette de la reconnaissance, je crois utile de m'abriter sous un nom imposant et de prouver, dans un court historique, que je n'ai pas avancé des nouveautés téméraires.

Les deux pensées dominantes de ces leçons, vous le savez, sont les suivantes:

Le vin est le résultat de l'acte physiologique de la vie du ferment dans le milieu fermentescible qui est le moût.

Le ferment est un être organisé qui vit, se reproduit et meurt, et dont le germe existe dans l'air.

La première n'est pas de moi; j'ai quelques droits à la seconde.

Les idées ne sont pas de nous, elles sont en nous; mais elles deviennent nôtres lorsque nous les avons fécondées par le travail. Elles sont un don qu'il faut mériter de voir augmenté et qu'il faut savoir respecter.

Lorsqu'un savant entreprend une expérience, promulgue une vérité, c'est que dans son esprit il s'est fait une révélation. L'ignorant expérimente au hasard. L'homme instruit imagine ce qu'il n'a pas encore vu; il *voit* avant d'avoir *vu*; c'est pour se convaincre qu'il expérimente : s'il s'est trompé ou a été trompé, l'expérience redresse son erreur; si le résultat est conforme à ce qu'il avait prévu, ce qui lui avait été révélé était vraiment l'expression de la vérité.

On ne peut avoir que des idées innées ou des idées communiquées, et c'est en travaillant sur les unes et sur les autres que l'on en conçoit de nouvelles. Voilà pourquoi un chercheur sincère doit dire les idées de ceux qui l'ont précédé dans la carrière, parce que ceux-ci, grands ou petits, ont dû faire effort, c'est là leur mérite, pour apporter leur part de vérité dans le monde.

Je ne conçois pas de titre de propriété supérieur à celui-là, puisque c'est lui qui constitue notre personnalité et souvent le génie, s'il est vrai que cette sublime prérogative, ce rare privilége, ne soit qu'une longue patience, ou, plus exactement, un labeur persévérant, fécondant l'étincelle que Dieu a mise en nous. Il faut la respecter d'autant plus, cette propriété, qu'elle est de la nature des seules richesses, des seuls biens que nous puissions dépenser avec prodigalité sans nous appauvrir; que dis-je, c'est en la dépensant que nous nous enrichissons de plus en plus.

Qui donc, le premier, a considéré carrément la

fermentation alcoolique comme l'acte physiologique d'un être organisé?

C'est le savant illustre à qui la chimie contemporaine doit encore l'impulsion vigoureuse qui la pousse en avant.

C'est M. Dumas, en effet, qui professait, en 1843 déjà, l'opinion qui triomphe aujourd'hui, et cela, non pas comme une théorie vague, mais comme fondée sur l'expérience[1].

Voici comment il s'exprimait, dès cette époque, sur la manière d'agir et sur la nature des ferments, alors que personne n'avait encore osé prendre de parti et que la théorie mécanique de Stahl, comme l'a montré M. Chevreul, était rajeunie avec tant d'éclat et de talent par M. Liebig, ou que la théorie du contact, de Berzélius, était adoptée par M. Mitscherlich lui-même.

Après avoir fait remarquer que la fermentation ne s'explique « ni par les lois connues de l'affinité chimique, ni par l'intervention des forces telles que l'électricité, la lumière ou la chaleur, à qui la chimie a si souvent recours », M. Dumas, prenant la question dans son aspect le plus élevé, se demande d'abord quels sont, dans la nature, la signification et le but de la fermentation, et il répond :

« L'objet de la fermentation est évident : c'est un

---

[1] *Traité de chimie appliquée aux arts*, t. VI; articles FERMENTATION et FERMENTATION ALCOOLIQUE.

artifice à l'aide duquel la nature dédouble les matières organiques complexes, pour les ramener à
des formes plus simples qui les conduisent vers la
constitution habituelle des composés de la nature
minérale. [1] »

Mais comment cela peut-il se faire ? M. Dumas,
remarquez-le bien, ne cherche pas l'explication,
mais il la ramène à la solution d'un problème plus
général, celui qui domine toute la physiologie de la
création :

« Quand on envisage d'un certain point de vue
l'ensemble des matières organiques, on voit que les
végétaux verts tendent sans cesse, sous l'influence
de la lumière, à créer des matières organiques de
plus en plus complexes, au moyen des éléments
de la nature minérale. Les animaux, au contraire,
détruisent ces matières organiques et les ramènent
sans cesse vers des formes qui tendent à les faire
rentrer dans le domaine de la matière minérale : en
même temps qu'ils mettent à profit pour leurs besoins
les forces qui maintenaient l'état de combinaison de
ces matières [2]. »

---

[1] Loc. cit., p. 304.

[2] Ibid, p. 304. Les forces qui maintenaient l'état de combinaison. Ceci est une application de l'axiome de Lavoisier, si
bien mis en lumière par M. Dumas, dans sa Philosophie chimique, savoir : « Dans la nature, rien ne se crée, rien ne se
perd », pas plus la matière que les forces ; tout reconnaît un
Créateur et un Conservateur.

« *Les fermentations sont toujours des phénomènes du même ordre que ceux qui caractérisent
l'accomplissement régulier des actes de la vie animale.* — Elles prennent des matières organiques
complexes; elles les défont brusquement ou peu à
peu, et elles les ramènent en les dédoublant à l'état
inorganique. — A la vérité, *il faut souvent plusieurs
fermentations successives* pour produire l'effet total ;
mais la tendance générale du phénomène se manifeste toujours dans chacune d'elles de la manière
la plus évidente [1]. »

La manière d'agir des fermentations est donc la
même que celle des animaux, dont le rôle dans
l'économie de la nature a été si bien précisé par le
même savant, dans la *Statique chimique des êtres
organisés.* Jusqu'ici on n'a pas mieux dit, ni davantage. Mais de quelle nature est la cause, l'agent
de la fermentation? La réponse de M. Dumas est
catégorique :

« Le ferment nous apparaît comme *un être organisé*.... Le rôle que joue le ferment, tous les animaux le jouent; on le retrouve même dans toutes
les parties des plantes qui ne sont pas vertes. Tous
ces êtres ou tous ces organes consomment des matières organiques, les dédoublent et les ramènent
vers les formes plus simples de la chimie minérale [2]. »

[1] *Loc. cit.*, p. 304.
[2] *Ibid.*, p. 305.

Le ferment est donc, comme les parties colorées des plantes (on sait qu'en botanique on appelle colorées toutes les parties non vertes d'un végétal), un appareil destiné à détruire, à simplifier et quelquefois à brûler les matières organiques complexes : c'est surtout dans les parties colorées qu'un végétal opère comme les animaux. Mais ce n'est pas tout :

« Pour compléter l'analogie entre les ferments et les animaux, on doit ajouter que de même qu'il faut aux animaux pour vivre et se développer une nourriture formée de matières animales, de même *tous les ferments exigent, pour se développer, une nourriture formée aussi de ces mêmes matières animales dont les animaux se nourrissent.* — Dès qu'un ferment trouve réunies les conditions de son existence, c'est-à-dire une matière organique à décomposer, et celles de son développement, c'est-à-dire une matière organisée ou organisable à s'assimiler, ce ferment semble donc agir et se développer comme le ferait une suite de générations d'êtres organisés quelconques[1]. »

Pour résumer en quelque sorte cette lumineuse théorie, M. Dumas dit encore : « Ainsi, dans toute fermentation apparaît, comme agent principal, une matière azotée, *organisée,* qui semble vivre et se développer, et, comme matériaux, une ou plusieurs substances organiques complexes qui, se dédou-

[1] *Loc. cit.,* p. 305.

blant, se transforment de la sorte en produits plus simples et plus rapprochés des formes de la chimie minérale[1]. »

Mais arrivons à l'objet spécial que j'ai en vue, et voyons si M. Dumas avait également une opinion arrêtée sur la fermentation alcoolique :

« Tous ces caractères se reproduisent à un degré égal dans la fermentation alcoolique, type ordinaire des fermentations, et dans la fermentation putride, phénomène que les chimistes ont voulu, dans ces dernières années, en séparer, mais que l'instinct des anciens en avait rapproché à si juste titre[2].

» Dans le raisin, avec le concours de l'air, la fermentation est spontanée. Dans la décomposition du sucre par la levûre de bière, elle est incomplète; car le ferment disparaît, faute d'une matière azotée pour l'alimenter. Enfin, dans la fabrication de la bière, la fermentation est complète, car la levûre non-seulement agit sur le sucre qu'elle décompose, mais en même temps elle se développe aux dépens de la matière albuminoïde de l'orge. — Nous avons donc, dans ces trois exemples, les trois phases principales de la vie de cet être extraordinaire, qui jusqu'ici n'avait été connu que par ses actes, sans qu'on eût pu saisir la connexion véritable entre sa nature et celle des substances fermentescibles[3]. »

[1] *Loc. cit.*, p. 305.
[2] *Ibid.*, p. 305.
[3] *Ibid*, p. 310 et 311.

C'est avec cette hauteur de vues que M. Dumas nous montre les ferments à la fois comme des êtres organisés et comme agissant à la manière des animaux, qui, loin de créer la matière organique, ne se l'assimilent que pour la détruire, dans les appareils merveilleux dont l'agencement harmonique constitue leur agrégat matériel. Avec cette manière d'envisager les choses, l'esprit satisfait peut trouver le mystère toujours grand, sans doute, mais il se confond avec celui de la vie, et, si nous ne l'avons pas encore pénétré, nous savons mieux où gît la difficulté.

Pour M. Dumas, la fermentation n'est complète que si le mélange fermentescible contient en même temps l'aliment du ferment, c'est-à-dire que lorsque le ferment peut se multiplier en même temps qu'il transforme l'un des termes du mélange. Dans les leçons, en parlant de cette notion, j'ai insisté sur un point qui avait passé inaperçu pour les auteurs : c'est que le ferment alcoolique, considéré comme un être organisé, se nourrissant plutôt comme un animal que comme un végétal, détermine l'élimination des matières albuminoïdes du moût de raisin en les assimilant et en les rendant en quelque sorte insolubles dans son organisme. Je le répète, ce point de vue se rattache à l'ensemble d'idées que M. Dumas s'était fait sur un sujet si mystérieux pour tous ceux qui écrivaient à la même époque et même depuis.

C'était un immense mérite pour Desmazières, Cagniard de Latour, M. Schwann, Quévenne, Turpin, M. Mitscherlich, etc., sans parler d'auteurs plus anciens, que celui d'avoir reconnu dans la levûre de bière un être organisé capable de se reproduire par bourgeonnement. Cagniard de Latour avait même été plus loin, puisqu'il avait supposé que le ferment détruit le sucre par quelque effet de sa végétation. Le mérite du savant qui a si clairement conçu la nature de son rôle et compris l'essence de son action est-il moins grand? M. Pasteur ne dit-il pas lui-même aujourd'hui « que toutes les fermentations proprement dites sont corrélatives de phénomènes physiologiques »?

Ce mérite est d'autant plus grand, que tout le monde n'admettait pas même que le ferment fût un organisme, il y a de cela seulement sept ans.

Gerhardt, par exemple, qui avait adopté l'opinion stahlienne de M. Liebig, pour qui le ferment est un corps en décomposition et la fermentation un mouvement communiqué par ce corps à la matière fermentescible[1], Gerhardt, tout en rapportant les expériences de Cagniard de Latour, de M. Schwann et de M. Mitscherlich, etc., alla jusqu'à nier l'organisation du ferment, et, lorsque cette organisation

---

[1] Macquer disait déjà (*Dictionnaire de chimie*) : « On entend par ferment une substance actuellement en fermentation et dont on se sert pour déterminer et exciter la fermentation d'un autre corps. »

n'est pas niable, il alla jusqu'à soutenir que la présence de l'être organisé est toute fortuite[1].

Du reste, Gerhardt était en ceci parfaitement d'accord avec Berzélius lui-même, pour qui, en 1832[2],
le ferment alcoolique n'est encore que du gluten
modifié par l'oxygène de l'air, modification à laquelle
il doit la propriété de se comporter comme ferment.
Plus tard, en 1843[3], il dit de Quévenne « qu'il a
embrassé et défend l'opinion à la mode dans ce moment, qui attribue la fermentation et la cause de la
fermentation à l'action d'une végétation », et, en
rapportant les expériences de M. Mitscherlich, qui
lui font admettre que le ferment est organisé, il dit
de ce grand chimiste « qu'il paraît aussi partager
l'opinion que l'acte de la fermentation est plutôt le
résultat d'une végétation qu'une précipitation con-
tinuelle d'une matière organique qui devient insoluble dans les liqueurs et qui prend la forme ordinaire des précipités non cristallins même inorga-
niques, de petites boules qui se groupent les unes à
la suite des autres en forme d'une chaîne de perles.
En 1845, il hésite encore, et, à propos d'expériences
de M. Mulder sur la formation du ferment dans l'art
du brasseur, il dit ceci : « Sans contredit, il est très-
difficile de ne pas se prononcer, quand on voit, à
l'aide du microscope, de nouvelles formations con-

[1] *Traité de chimie organique*, p. 542.
[2] *Traité*, t. **VI**, p. 403.
[3] **Rapport annuel**, 1843, p. 277,

tinues.... Mais celui qui doute le plus longtemps arrive toujours, dans des questions de ce genre, au résultat le plus sûr [1]. » Enfin, en 1846, malgré l'affirmation réitérée de M. Mulder, il ne se prononça pas. On peut donc penser que Berzélius a nié jusqu'au bout, comme Gerhardt, le fait de l'organisation de la levûre ; mais au moins il n'eut pas le tort d'engager l'avenir.

Voilà, Monsieur, où conduit l'esprit systématique : à nier même ce qui est palpable.

Aujourd'hui, la question est jugée dans le sens de la manière de voir des grands observateurs, et que M. Dumas a si lumineusement interprétée. Ainsi, non-seulement le ferment alcoolique agit comme un être organisé, mais, ce qui est plus remarquable, à la manière des animaux, si l'on considère le ferment dans son milieu physiologique, c'est-à-dire dans l'eau sucrée contenant des matières albuminoïdes dans un état convenable, en quelque sorte dans l'état de matières digérées. Cette circonstance a été très-bien signalée par M. Dumas ; la fermentation n'est complète, en effet, c'est-à-dire qu'il n'y a corrélation physiologique rigoureuse entre les transformations de la matière fermentescible et la vie du ferment qu'autant que celui-ci peut, non-seulement vivre, mais se reproduire sans souffrance. Voilà pourquoi j'ai considéré la fermentation du

[1] Rapp. ann , 1845, p. 303.

sucre dans l'eau pure, en présence d'une trop petite quantité de ferment, comme une chose contre nature, comme un état violent extra-physiologique pour l'être organisé; c'est comme si l'on prétendait forcer un animal supérieur omnivore à vivre dans un air confiné, en ne lui fournissant que des aliments d'une seule espèce.

On objecte, à la vérité, contre la théorie de M. Dumas, qu'il existe des ferments non organisés, qui néanmoins produisent des phénomènes analogues. La diastase, la synaptase et les ferments physiologiques, sans doute ne sont point organisés, puisqu'ils sont solubles, et pourtant ils produisent des dédoublements, ou des surcompositions, aussi compliqués que la levûre de bière. Mais cela ne prouve rien contre la théorie des ferments organisés. Il est probable, on peut même, par analogie, dire qu'il est certain que dans ceux-ci il y a quelque substance qui est l'agent prochain de la transformation, absolument comme dans le canal digestif des animaux supérieurs il y a des sucs qui sont les agents de la digestion; mais ces substances n'agissent que dans l'appareil organisé. Tout cela n'est pas contradictoire : qui dit que les ferments organisés agissent à la manière des animaux, ne dit pas qu'ils agissent en tant qu'organisés, mais parce que organisés.

Quant à l'idée que les germes dont le développement engendre les ferments viennent de l'air, elle germait dans l'esprit de plusieurs naturalistes, et les études des hétérogénistes, aussi bien que celles de leurs adversaires, avaient précisément pour objet de les bannir de leurs expériences, les uns pour démontrer que la matière organique pouvait spontanément s'organiser, les autres qu'aucun organisme ne pouvait naître sans eux.

Gay-Lussac, dans une expérience devenue célèbre, avait nettement montré que l'influence de l'air est nécessaire pour commencer la fermentation dans le moût; mais l'idée que cette influence s'exerce moins par l'oxygène que par quelque chose d'organisé qu'elle peut introduire dans le milieu fermentescible, paraît appartenir à M. Schwann, qui faisait ses expériences presque en même temps que M. Cagniard de Latour. De la sorte vous voyez que la démonstration de l'organisation de la levûre et celle de la cause qui lui donne naissance seraient contemporaines. Quoi qu'il en soit, l'idée ne fut pas admise par tout le monde, et Gerhardt, tout en admettant l'existence des germes dans l'air, repoussait leur nécessité pour la génération du ferment, et n'en soutenait pas moins que « c'est à la théorie de M. Liebig que tous les bons esprits ne peuvent manquer de se rallier », comme si ce ralliement pouvait équivaloir à la vérité.

M. Dumas, sans prononcer sur la cause de la génération du ferment, a pourtant écrit ces paroles remarquables, qui sont comme le couronnement de sa théorie :

« Aucune matière non azotée n'est capable de se convertir en ferment : cette propriété est même bornée, parmi les matières azotées, à celles qui ont fait partie de l'organisation, qui ont vécu ou du moins qui sont aptes à vivre; si on remarque enfin que tout produit capable d'engendrer le ferment est putrescible, et qu'il agit même mieux à cet égard quand il a éprouvé un commencement de putréfaction, on ne pourra mettre en doute l'analogie singulière qui existe *entre le développement du ferment et celui des animalcules microscopiques* [1].

» Cette matière azotée (le ferment) *qui existe en germe* dans la majeure partie des matières organisées, placée sous certaines influences et dans des conditions convenables, *se développe, se modifie* et *agit.* Tantôt *elle n'existe donc qu'en germe;* tantôt elle est déjà formée, mais pendant la fermentation elle perd sa qualité de ferment. Tantôt, au contraire, non-seulement elle existe et agit, mais encore, pendant la fermentation même, elle se développe.... comme dans la fabrication de la bière [2].»

C'est en méditant sur cet ensemble si satisfaisant, qui forme une théorie complète des fermentations par les ferments organisés, que j'ai été conduit aux expériences que j'ai rapportées dans la seconde leçon, et par lesquelles j'ai démontré que, dans la

[1] *Loc. cit.*, p. 317.
[2] *Ibid*, p. 307.

fermentation glucosique du sucre de canne par les moisissures, ces organismes étaient produits par des germes introduits par l'air dans mes dissolutions. Il me semble qu'ici la démonstration était réduite à ses termes les plus simples, puisque la naissance des moisissures et la transformation du sucre de canne sont parallèles, si l'on note surtout que, si l'on évite l'accès de l'air ou si l'on introduit une substance antiseptique qui empêche les germes de se développer, le sucre de canne ne se transforme plus. A l'époque où ces expériences furent entreprises (1854), le point de vue était nouveau, et il y avait quelque mérite à se proposer la démonstration d'un théorème formulé en ces termes :

« *L'eau froide ne modifie le sucre de canne qu'autant que des moisissures peuvent se développer, ces végétations élémentaires agissant ensuite comme ferment* », et d'attribuer nettement la génération des mucédinées aux germes venus de l'air. Cette dernière pensée est exprimée nettement dans mon Mémoire[1]. Plus tard, M. Pasteur reprit la question et la résolut d'une autre façon[2]. Je n'ai rapporté ma part dans ces recherches que parce que, « toutes les fois qu'on le peut faire, il est utile de montrer la liaison des faits nouveaux avec les faits antérieurs

[1] *Annales de chimie et de physique*, t. LIV. Ces expériences se continuent dans mon laboratoire. Le sucre n'est pas la seule substance que les moisissures transforment ainsi.

[2] *Annales de chimie et de phys.*, t. LXIV.

de même ordre. Rien de plus satisfaisant pour l'esprit que de pouvoir suivre une découverte dès son origine jusqu'à ses derniers développements », comme l'a dit excellemment M. Pasteur.

C'est ainsi que les idées fondamentales de ces leçons ont été depuis longtemps exposées dans mon cours de la Faculté. On les croit nouvelles, et les unes datent de plus de vingt ans, et les autres de plus de sept ans.

La question de savoir si les ferments sont des végétaux ou des animaux est une question importante, mais difficile à résoudre. Ce qu'il y a de certain, c'est que la levûre de bière, considérée comme un être organisé, se nourrit plutôt comme un animal que comme un végétal. Les végétaux sont plutôt des appareils dans lesquels, comme l'a si bien fait ressortir M. Dumas, la matière organique se crée et s'organise, et les ferments, comme les animaux, des appareils dans lesquels la matière organique et organisée se détruit. La solution du problème a sans doute, au point de vue de la philosophie de la nature, une très-grande portée; mais il me semble que l'on aurait tort de raisonner sur des êtres si élémentaires comme sur des êtres, je ne dis pas plus parfaits, car ils le sont dans leur genre, mais plus élevés dans la série de la création. La cellule, dans les deux règnes organiques, possède, en somme, les mêmes propriétés. Ce que l'on a besoin de se dire, au point de vue de la vinification, c'est que le ferment alcoolique se comporte comme une cellule animale.

Il est, enfin, une question que j'ai agitée : celle de savoir si un germe unique peut produire toutes les manifestations que nous observons, ou si à chaque ferment correspond un germe spécial. La théorie des générations alternantes me paraît en voie de résoudre la question par l'hypothèse d'un nombre limité de germes.

Dans les espèces plus élevées d'animaux ou de végétaux, la reproduction des êtres se fait au moyen des sexes, qui sont séparés ou réunis sur une même partie de l'individu. Mais, dans les espèces très-inférieures d'animaux et de végétaux, ce moyen n'est pas l'unique. « En effet, dans un grand nombre des premiers, peut-être même dans tous les seconds, des individus incapables de produire des œufs, parce qu'ils manquent d'organes mâles et femelles, engendrent par agamie une progéniture dont la forme est toujours plus ou moins différente de la leur ; mais, dans chaque espèce, cette progéniture donne à son tour naissance à des individus sexués et semblables à ceux dont elle descend. Ces individus sexués font de nouveau des œufs, d'où il sort des individus dépourvus de sexes, et l'espèce se continue ainsi par une alternance régulière [1].

[1] M. Paul Gervais, *de la Métamorphose des organes et des générations alternantes.* Montpellier, 1860.

Il se pourrait donc que la levûre, qui se reproduit par bourgeonnement, ne fût qu'un individu dépourvu de sexes et provenant d'une forme antérieure sexuée.

« M. Kutzing avait déjà montré que les cryptogames utriculiformes, qui constituent la levûre de bière et qui se multiplient avec une si étonnante rapidité dans les liquides susceptibles de fermentation alcoolique, donnent naissance, après un certain nombre de générations agames, à des mucors et à des sporotrichums. M. Bail a fait voir, de son côté, que l'on peut produire directement de la levûre au moyen des spores de ces mêmes cryptogames, ainsi qu'avec celles de l'*ascophora elegans* et du *penicillum glaucum*. . . [1] »

Vous voyez par là que la question a son importance au point de vue de l'art de conserver les vins. On peut se demander, par exemple, si la levûre de la lie, dans des conditions encore inconnues, ne peut pas se transformer et, agissant comme un nouveau ferment, provoquer des désordres si redoutables dans la constitution du vin.

Un mot sur le bouquet des vins :

J'ai montré, dans le cours des leçons, que la fermentation alcoolique engendre normalement des acides volatils et fournit par elle-même des com-

[1] *Ibid*, voir l'Addition.

posés éthérés : le bouquet peut donc reconnaître une autre origine que les matériaux du raisin ; mais j'ai montré que ceux-ci participent au mouvement de la fermentation, et que, si l'on réduit le moût, en le décolorant, à l'état d'une dissolution sucrée chargée des sels et autres matières solubles, le vin que l'on en obtient est loin d'être aussi odorant que celui que l'on fait avec tout le raisin. J'ai admis ensuite que, pendant que le vin vieillit, des réactions nouvelles s'établissent, qui exaltent le bouquet.

M. Dumas avait déjà dit : «Sans nul doute, l'alcool passe peu à peu à l'état d'éther, en s'unissant aux divers acides du vin et à ceux qui peuvent y prendre naissance.» Le même auteur rapporte que M. Chevreul a démontré, depuis longtemps, que le bouquet des vins possède les principales propriétés des huiles essentielles ; que c'est M. Deleschamp qui a extrait du marc des vins de Bourgogne l'huile éthérée que MM. Pelouze et Liebig ont décrite sous le nom d'éther œnanthique, et que M. Balard, en distillant les rafles des raisins de Montpellier, a obtenu, outre l'éther œnanthique, de l'alcool amylique. « Tout porte à croire, dit encore M. Dumas, que les acides gras contenus dans les graisses ou huiles que le raisin renferme sont, d'après une belle remarque de M. Laurent, le point de départ de la formation de ces produits. A mesure que ces acides ont le contact de l'air, ils s'oxydent, se convertissent ainsi en

acides plus énergiques, et, par conséquent, plus
disposés à former des éthers plus volatils, et par là
capables d'exalter l'odeur et la saveur spéciales des
vins. »

L'influence des productions organisées pour faire
tourner les vins n'avait pas non plus échappé aux
anciens observateurs. « On désigne, dit encore
M. Dumas, sous le nom de vins tournés ou piqués,
ceux dans lesquels se produisent spontanément des
mucors blanchâtres qui nagent à la surface du liquide. Leur présence entraîne une altération très-
rapide du vin, surtout lorsque celui-ci est en tonneaux... Ce n'est que par des saisons très-chaudes
que ce changement se développe. »

Un mot encore sur les travaux que l'on peut exé-
cuter sur les vins. On a tort, à mon avis, quand
pour un objet scientifique on fait des recherches
sur les vins, de se servir des produits du commerce,
Je suis convaincu que les résultats ne seront comparables que lorsqu'on se résoudra à faire soi-même
les vins sur lesquels on veut expérimenter ensuite.
Il faudra, de plus, que l'on spécifie non-seulement
l'origine du vin, mais le raisin avec lequel il a été
fait. J'ai déjà signalé les différences des produits que
l'on obtient avec les moûts et les vins des diverses
espèces de raisins.

Les faits les plus importants relatifs à la fabrication du vin et aux fermentations étaient donc connus. J'ai essayé de les coordonner autour de la vie du ferment, car c'est toujours là qu'il faut en venir aujourd'hui. Cela excuse la grande importance que j'ai accordée à ces êtres microscopiques dont l'influence est si considérable, à la fois pour la fabrication et pour la conservation des vins.

Je suis, Monsieur, avec un vif sentiment de gratitude, votre serviteur très-obligé,

A. BÉCHAMP.

Montpellier, août 1868.

LEÇONS

SUR

LA FERMENTATION VINEUSE

ET

SUR LA FABRICATION DU VIN

PREMIÈRE LEÇON

—

SOMMAIRE

Motif et objet de ces leçons. — Caractères de la fermentation vineuse. — Énoncé de Lavoisier. — On n'a presque rien ajouté à son travail. — Le vin. — Le raisin. — Le moût et sa composition. — Le sucre et l'eau en sont les produits dominants. — Le sucre et les matières albuminoïdes en sont les termes les plus importants. — Matières albuminoïdes, ce que c'est. — Le ferment et les germes venus de l'air. — Qu'est-ce que le sucre. - Caractère des sucres. — Sucres de raisin, cristallisable et incristallisable, types des sucres. — Le sucre de canne n'est pas un sucre. — Le ferment et la cause de son développement. — Le contact de l'air est nécessaire. — Le problème de la fermentation ramené à trois termes. — Ce que devient le sucre. — Contraste. — L'alcool et l'acide carbonique ne sont pas les seuls produits de la fermentation alcoolique. - Acide acétique, acide succinique. — Glycérine. — Matières extractives. — Le sucre et la levure fournissent chacun une part dans le résultat. — Le ferment finit par devenir inactif en cessant de vivre. — Il importe que le sucre et la matière albuminoïde soient complétement transformés. — Influence de ces substances sur l'altération des vins. — Sujet délicat à traiter.

MESSIEURS,

Il est impossible d'habiter pendant quelque temps le Languedoc, et notamment le département de l'Hérault, sans être frappé de ce fait, que la culture de la vigne et l'art de faire le vin y ont atteint les proportions de la grande industrie. Dans la limite de mes études, au point de vue purement chimique, j'ai voulu apporter mon tribut, ma part de travail, si mince qu'elle soit, au perfectionnement de cette industrie, et tâcher d'éclairer l'art de la vinification des lumières de la science contemporaine. Permettez-moi de réclamer toute votre indulgence pour la manière dont je traiterai un sujet aussi difficile, et aussi toute votre bienveillante attention, pour ne donner à mes paroles que le sens que j'y attacherai, pour n'accorder à ma pensée que la portée qu'elle comportera, et que je m'efforcerai de rendre aussi intelligible que mes moyens me le permettront. Cela posé, et sans autre préambule, nous entrons en matière.

Nous savons tous une chose, c'est que toutes les fois que le jus des fruits sucrés, le jus du raisin, par exemple, est exposé à l'air dans des conditions convenables de température, il s'y manifeste bientôt un mouvement particulier, il s'y excite un tumulte caractérisé par un boursouflement plus ou moins considérable, déterminé par un dégagement de gaz, de bulles nombreuses d'un air qui viennent crever à la surface en soulevant les particules qui flottent dans le liquide, d'où la formation d'une écume qui est souvent très-abondante. Quand le phénomène a atteint son plus haut période, la quantité de gaz qui se dégage est si considérable, « qu'on croirait », comme le dit un grand chimiste, « que la liqueur est sur un brasier ardent qui y excite une violente ébullition. »

C'est ce mouvement et l'ensemble des transformations que les matériaux du jus sucré éprouvent qui a reçu le nom de *fermentation*. On savait depuis long-temps distinguer la fermentation qui fait l'objet de ces leçons des autres fermentations, que l'on définissait, en général : « un mouvement intestin, qui s'excite de lui-même, à l'aide d'un degré de chaleur et de fluidité convenables, entre les parties intégrantes et constituantes de certains corps très-composés, et dont il résulte de nouvelles combinaisons des principes de ces mêmes corps. » L'agent même de la fermentation vineuse était nettement désigné par le nom de *ferment;* la lie du vin, la lie ou levûre de la bière sont définies : « une substance actuellement en fermentation et dont on se sert pour déterminer et exciter la fermentation d'un autre corps. » La *fermentation vineuse* ou *spiritueuse* était ainsi nommée « parce qu'elle change en vin les liqueurs qui l'éprouvent, et qu'on retire de ce vin un esprit inflammable et miscible à l'eau, qu'on nomme esprit de vin. » La nécessité de la présence du sucre était nettement indiquée, et la nature du gaz qui se dégage dans cette opération, parfaitement connue. Mais il a fallu arriver jusqu'à Lavoisier pour connaître le véritable sens de cette réaction. Dégageant, avec cette sûreté de coup d'œil qui caractérise ses œuvres, ce qu'il y a d'essentiel dans les liqueurs qui fermentent, il montra le premier que le sucre est l'objet essentiel de la transformation [1]. Pour lui, la fermentation vineuse n'est autre chose que le changement du sucre en alcool et acide carbonique. L'acide carbonique est gazeux, aériforme; c'est lui qui produit cette effervescence que vous voyez là, qui se dégage de l'appareil et que nous recevons dans ces cloches; l'alcool ou esprit de vin reste dissous, mélangé avec les autres produits qui existent dans la liqueur, soit comme résultats de transformation, soit comme n'ayant subi aucun changement.

On n'a presque rien ajouté au travail de Lavoisier sur la fermentation vineuse ou alcoolique. L'énoncé de ce grand homme est encore vrai, presque rigoureusement vrai; ses expériences et ses conclusions restent encore et resteront comme l'expression la plus réelle du phénomène considéré en soi. Nous connaissons cependant, aujourd'hui, quelque chose de plus sur les circonstances, sur les conditions, et surtout sur les produits accessoirement nécessaires de la fermentation alcoolique du sucre; mais, surtout, nous connaissons mieux la nature de l'agent provocateur de la fermentation et les conditions de son développement.

Le vin n'est pas le résultat de la fermentation du sucre seul; les produits de cette opération existent dans

---

[1] Lavoisier n'a pas seulement indiqué le sens vrai de la fermentation alcoolique, il a aussi signalé nettement la composition du ferment, qui est pour lui un composé azoté; ce qui était un grand résultat pour l'époque.

le vin sans doute, mais cette boisson alimentaire si précieuse est plus complexe. On doit appeler vin les liquides sucrés naturels qui ont subi la fermentation alcoolique. Le *vin de groseilles*, celui de *framboises*, le *cidre*, le *poiré*, sont des vins, comme celui que l'on obtient dans les mêmes circonstances avec le moût de raisin. Le vin, sans épithète, est toujours obtenu avec le raisin. Occupons-nous donc d'abord du fruit de la vigne.

Dans le raisin, il faut considérer :

La grappe ou rafle proprement dite ;

Le grain ;

La peau ou pellicule du grain, colorée ou non ;

Les pepins que chaque grain contient ;

Les cellules et la matière mucilagineuse qui les tapisse ;

Le jus renfermé dans les cellules.

Tels sont, si je peux m'exprimer ainsi, les éléments anatomiques du raisin.

On jette le raisin écrasé avec son jus, le moût, dans la cuve. La vendange contient donc en ce moment le grain et la rafle. Quelquefois on égrappe le raisin et l'on rejette les rafles ; il arrive aussi que l'on fait fermenter seul le jus mucilagineux exprimé des grains et des cellules, le moût. Au point de vue de ses éléments chimiques, celui-ci contient :

1° Du sucre de raisin ;

2° De la fécule ou de la dextrine ;

5° De la pectine ;

4° De l'albumine ;

5° Du gluten, autre matière albuminoïde ;

6° Des matières extractives ;

7° Du tannin ;

8° De la crème de tartre ou tartrate acide de potasse ;

9° De l'acide phosphorique libre et des phosphates acides de bases diverses : chaux, oxyde de fer ;

10° Acides malique et citrique, d'autant moins que le raisin est plus mûr ;

11° De l'eau.

Une bonne analyse quantitative du moût est encore à faire ; mais on sait que ce qui domine dans cette énumération, après l'eau, c'est le sucre, aussi bien dans les raisins de l'Alsace que dans ceux du Midi, dans les raisins blancs aussi bien que dans les rouges.

Après le sucre, au point de vue de la vinification, vient ensuite, dans l'ordre d'importance, un principe tout aussi indispensable à la fermentation alcoolique, c'est l'albumine et le gluten, substances que nous désignerons par le nom générique de *matières albuminoïdes*, et qui sont plus ou moins analogues au blanc d'œuf, aux matériaux organiques du sang qui coule dans nos veines, à la chair dont nos muscles sont formés ; en un mot, les éléments plastiques sans lesquels nul être créé vivant, plante ou animal, ne saurait se développer et vivre. Je ne vous montrerais que difficilement ces produits dans le moût ; mais nous les retrouvons facilement dans la farine du blé.

Faisons avec un peu d'eau un pâton résistant de farine et pétrissons-le, malaxons-le sous un mince filet d'eau ; peu à peu, l'eau ayant entraîné les parties solubles avec l'amidon, il ne restera dans la main qu'un peu d'une matière molle, sous la forme d'une masse fibrineuse élastique : c'est le gluten, l'élément essentiellement plastique et nutritif du pain que nous mangeons, et qui possède sensiblement la composition de la chair musculaire : c'est comme de la viande végétale. Jetons maintenant sur un filtre l'eau qui a entraîné l'amidon de la farine (amidon que l'on change facilement en un sucre identique avec celui du raisin); la liqueur limpide et incolore que nous obtenons contient l'albumine, en tout semblable, d'après M. Dumas, à l'albumine du blanc d'œuf. Pour la faire apparaître, je n'ai qu'à chauffer la dissolution ou y ajouter un peu d'acide nitrique : elle se coagule et apparaît sous la forme d'un précipité floconneux. Dans l'eau sucrée comme dans le moût de raisin, sous l'influence d'éléments invisibles, microscopiques, apportés par l'air, et dont je vous prouverai l'existence incontestable et aujourd'hui incontestée, ces matières albuminoïdes vont devenir la source des éléments du tissu de l'être organisé qui est l'agent provocateur de la fermentation, en un mot du ferment. Ce ferment, c'est la *levûre*, *levûre de bière*, *levûre de vin*, et plus exactement, car c'est la même chose, le *ferment alcoolique*, l'être qui transformera le sucre en alcool, acide carbonique et d'autres produits que l'on retrouve également dans le moût fermenté, dans le vin [1].

Laissons donc de côté, pour le moment, tous les

[1] Il y a plusieurs fermentations et plusieurs ferments. Les ferments sont organisés ou non organisés. Les premiers, cela va sans dire, puisqu'ils sont un organisme, sont insolubles par essence, comme tous les êtres organisés, ce qui ne les empêche pas de contenir des matériaux solubles dans leurs tissus. Les autres sont au contraire très-solubles.

Pour M. Dumas, dont les idées ont toujours devancé les temps, alors que l'on attribuait à une cause occulte la manière d'agir des ferments organisés, pour M. Dumas, « les fermentations (par les ferments organisés) sont toujours des phénomènes du même ordre que ceux qui caractérisent la vie animale. » Pour ma part, dans mon enseignement de la Faculté, tenant compte de l'ensemble des produits formés, j'ai divisé es ferments en trois groupes, d'après les modifications qu'ils font subir à la matière * :

Les ferments de transformation isomérique;
Les ferments de surcomposition;
Les ferments de décomposition ou de dédoublement.

La diastase, qui transforme la fécule en fécule soluble et en dextrine, substances de même composition que la fécule dont ils proviennent, est un ferment du premier groupe.

La même diastase, quand elle transforme la dextrine en sucre de raisin, est un ferment du second groupe, car elle détermine la fixation de l'eau sur la dextrine.

La synaptase, ferment soluble; la levûre de bière, ferment insoluble, sont des ferments du troisième groupe, car l'une décompose l'amygdaline en trois produits, et l'autre, la glucose ou sucre de raisin en un plus grand nombre de corps.

* Voir la thèse pour le concours d'agrégation de M. le docteur Camille Saintpierre.

autres produits du moût qui sont inscrits sur le tableau, et occupons-nous des deux termes prochains de la fermentation alcoolique, le sucre et le ferment, la substance fermentescible et l'agent fermentateur.

Qu'est-ce que le sucre ? Ce n'est pas précisément le principe doux. Une chose de saveur douce, sucrée, n'est pas nécessairement du sucre. La saveur est une des propriétés du sucre, mais cette substance, ou plutôt ces substances, car il y a plusieurs sucres, doivent être définies chimiquement et indépendamment de leurs propriétés organoleptiques. A la rigueur, on peut concevoir un sucre qui ne serait pas sucré, pas doux.

Dans le moût de raisin existent deux sucres, que vous avez là sous les yeux.

L'un est cristallisable : c'est cette matière blanche, pulvérulente, formée de petits cristaux, que j'ai là. On le nomme vulgairement *sucre de raisin* ou glucose. Il se produit facilement par la saccharification de la fécule et même du ligneux. Lorsque sa dissolution est traversée par un rayon de lumière polarisée, le plan de polarisation de ce rayon est dévié vers la droite d'une quantité déterminée et constante pour une même longueur de la colonne liquide et pour une même saturation de la dissolution.

L'autre est incristallisable : c'est un produit qui est là depuis neuf mois et qui persiste à rester dans l'état d'un miel, d'un sirop épais. Il dévie à gauche le plan de polarisation du rayon lumineux polarisé qui traverse sa dissolution.

Le caractère optique particulier à chacun de ces sucres constitue une propriété fondamentale, intime, qui en fait deux espèces distinctes ; mais ils sont du sucre et doivent être considérés par nous comme types des sucres.

Comment définit-on aujourd'hui un sucre ?

Le sucre est une substance qui est capable de se transformer directement en alcool et acide carbonique sous l'influence du ferment alcoolique, et, de plus, de réduire, à l'aide d'une température voisine du point d'ébullition de l'eau (environ 80 degrés), le réactif bleu de Barreswill (réactif cupro-potassique, dissolution de tartrate de cuivre dans la soude caustique) en un précipité jaune-rouge, et qui, chauffé avec une dissolution de potasse caustique, brunit rapidement.

Vous en êtes témoins, les deux sucres extraits du moût de raisin se comportent comme nous venons de le dire.

Ces trois caractères réunis définissent le sucre ; séparément, ils n'ont qu'une valeur relative.

Le sucre ordinaire, le sucre de canne pur, sous forme de sucre en pain ou de sucre candi, n'est pas un sucre, c'est seulement une substance sucrée, de saveur douce et saccharifiable, c'est-à-dire susceptible, comme la fécule et le ligneux, de se transformer en vrai sucre. En effet, le sucre de canne, étant chauffé avec une dissolution de potasse caustique, ne brunit pas, et, avec le réactif bleu de Barreswill, il ne produit pas de précipité jaune ou rouge, pas même lorsque la température est portée jusqu'à l'ébullition. Mais le sucre de canne fermente, il se transforme en alcool et acide carbonique sous l'influence du ferment alcoolique! Sans doute; mais, nous le verrons, c'est seulement après avoir d'abord été transformé dans les deux espèces de sucre que l'on trouve dans le moût.

Quant à la matière albuminoïde, c'est une substance azotée, essentiellement altérable, identique avec les substances animales plastiques, et, je le répète, la source où le ferment alcoolique puise les éléments essentiels de sa nutrition. Ce ferment qui se forme, grâce à l'intervention de l'air qui en apporte le germe, et se développe dans le moût comme dans un terrain préparé exprès, est une cellule, un organisme riche en matière azotée albuminoïde, dont la charpente est formée par du ligneux. C'est un végétal de l'ordre élémentaire, qui se nourrit et vit plutôt à la façon des animaux inférieurs que des plantes proprement dites.

Vous voyez là, sur le tableau, des dessins qui représentent la forme de ce petit végétal, si petit que dans ce vase il y en a des milliards, et que, pour le grossir au point de le voir apparaître de la grandeur d'une tête d'épingle, il faut adapter au microscope un objectif dont le grossissement soit d'au moins 400 diamètres. Nous nous occuperons avec détail de la naissance et des conditions de développement du ferment; pour aujourd'hui, nous avons seulement besoin de le caractériser comme individu.

Le ferment alcoolique est, suivant Desmazières, un animalcule monade ; suivant Cagniard de Latour, Turpin et d'autres savants, il serait un végétal, un champignon se développant par voie de bourgeonnement. J'ai déjà fait pressentir mon opinion tout à l'heure, nous y reviendrons dans la leçon prochaine. Le fait est que la levûre est formée de globules ovoïdes, dont chacun constitue une petite vésicule à parois faciles à distinguer, et contenant un liquide dans lequel on voit nager ordinairement des granulations nettement définies. On a cru que, dans le bourgeonnement de la levûre, chaque individu crève pour livrer passage au contenu, qui se constitue à son tour en nouveaux globules. Mais il n'en est pas ainsi, d'après M. Pasteur : « Le bourgeonnement des globules, qui constitue, dit-il, l'importante découverte de M. Cagniard de Latour, se fait, d'après M. Mitscherlich, comme le représente (sur le tableau du cours) le passage de la fig. 4 à la fig. 4, c'est-à-dire que le nouveau globule débute par une simple proéminence. J'ai vu cela maintes fois, de la façon la plus nette. Bientôt le petit bourgeon, tout en restant attaché, soudé au gros, paraît avoir son enveloppe propre, et constitue à lui seul un globule réel. Les mouvements du liquide ne peuvent le détacher que quand il a pris à peu près le volume du globule mère. Jusque-là sa soudure est assez intime et résistante. » D'autre part, d'après le même auteur, les globules translucides, ceux qui sont sans granulations dans le liquide intérieur, sont de tous les globules les plus propres au bourgeonnement.

La preuve du fait que le jus du raisin a besoin du contact de l'air, des germes qu'il y apporte, pour voir se développer la fermentation alcoolique, est ceci, qui est connu de tout le monde: un grain de raisin attaché à la grappe ne fermente pas; sa pellicule, qui est d'un tissu serré, est absolument imperméable, elle le protége, rien ne peut pénétrer à l'intérieur, si ce n'est la séve qui y est amenée par les vaisseaux du végétal. Mais s'il est écrasé, détaché, ou seulement blessé, aussitôt le travail de destruction commence, la fermentation s'y excite. Le grain blessé, s'il reste attaché à la grappe et à la souche qui la porte, se pourrit. Encore une fois, l'air est le véhicule du ferment, le jus n'est que le milieu nécessaire, le terrain où le ferment, encore en germe, naît, vit, se développe et se reproduit. Mais, à l'exemple de tous ceux qui se sont occupés du ferment, nous pouvons créer des milieux artificiels pour faire naître cet être organisé. Pourvu que nous réunissions dans une quantité d'eau convenable, et à une température qui doit varier de 15 à 25 degrés, de la matière albuminoïde, du sucre, certaines matières minérales (qui physiologiquement sont aussi indispensables au développement des végétaux et des animaux que la matière plastique elle-même, azotée ou non), nous verrons, soit en y introduisant d'avance des globules de levûre, soit en laissant pendant quelque temps le vase exposé à l'air, nous verrons, dis-je, naître et se développer une nombreuse génération de globules. M. Claude Bernard, ayant introduit un peu de sérum du sang (qui contient l'albumine accompagnée de divers sels) dans de l'eau sucrée, y a vu se développer des cellules, puis des globules de levûre. Nous verrons que cette expérience n'est autre que l'opération si familière aux brasseurs, qui voient journellement la levûre se multiplier dans leur fabrication.

Voilà donc le problème de la fermentation du moût ramené essentiellement aux modifications de trois termes : le sucre, la matière albuminoïde et certaines matières minérales, notamment les phosphates.

Le moût devient le véhicule du ferment.

Le ferment se développe, se nourrit aux dépens de la matière albuminoïde, des matières minérales et d'une partie du sucre.

Le sucre se transforme, consécutivement d'abord et ensuite corrélativement au développement et à la vie du ferment, en alcool et acide carbonique.

Tel est, en résumé, le tableau d'une fermentation ramenée à ses termes les plus simples, mais nécessaires et suffisants. Nous tiendrons compte, plus tard, des autres principes immédiats du moût, pour savoir ce qu'ils deviennent, et quelle part ils prennent pour communiquer au vin ce cachet qui en fait un liquide si caractéristique.

Quant au sucre, qui disparaît en si grande quantité dans la fermentation vineuse, et aux produits qu'il engendre, voyez quel contraste : je prends ce sucre,

celui du raisin, je le chauffe sur une lame de platine ;
il fond, se boursoufle, finit par s'enflammer, brûle
avec une flamme bleuâtre et laisse pour résidu un
charbon qui est difficile à brûler complétement. Sous
l'influence du ferment, vous le voyez, il se transforme,
et vous en jugez par ce tumultueux dégagement de gaz,
qui est dû à l'acide carbonique, un corps non-seulement incombustible, mais qui éteint les bougies al-
lumées qu'on y plonge, qui est impropre à entretenir
la respiration des animaux, et qui est trop souvent fu-
neste aux hommes qui descendent sans précaution dans
les cuves où le moût fermente. C'est le gaz qui se forme
quand le charbon brûle lentement dans l'air atmosphérique, ou, comme dans cette expérience, si vivement et avec tant d'éclat dans l'oxygène, l'un des éléments de l'air, la portion éminemment respirable,
comme s'exprimait Lavoisier. C'est encore le gaz qui
se dégage de cet appareil où l'on traite le marbre, la
craie ou la pierre à chaux, le calcaire grossier, par un
acide ; celui que nous trouvons dans les produits de
notre respiration, dont le caractère propre et tout à
fait saillant est d'être presque sans odeur, d'une saveur
aigrelette, et de troubler l'eau de chaux que l'on verse
dans les vases qui le contiennent.

Dans la dissolution, dans le liquide fermenté, reste
l'alcool, le second terme, qui avec l'acide carbonique
représente, à quelques centièmes près, le poids du
sucre introduit. Cet alcool peut facilement être retiré
par la distillation, il est combustible au plus haut

degré. Nous chercherons à comprendre, avec Lavoisier, « comment un corps doux, *un oxyde végétal*, peut se transformer ainsi en deux substances si différentes, dont l'une est combustible, l'autre éminemment incombustible. »

Mais la fermentation du sucre engendre encore d'autres produits dont la connaissance est importante pour nous éclairer sur la nature des éléments du vin.

Le moût de raisin est constamment à réaction acide, et l'on pourrait supposer que la cause de l'acidité du vin est la même que celle du moût. Sans doute, les acides du moût peuvent se retrouver et se retrouvent dans le vin ; mais cette acidité reconnaît encore d'autres causes, sur lesquelles je dois appeler votre attention.

Lavoisier, qui savait si bien voir et qui ne laissait rien échapper d'essentiel dans ses études, Lavoisier avait constaté l'acidité du résultat de la fermentation vineuse du sucre. L'eau sucrée ne réagit pas à la manière des acides, elle ne rougit pas la teinture ou le papier de tournesol ; mais après la fermentation ce réactif rougit vivement. Lavoisier, qui avait déjà remarqué cette acidité, l'attribuait à l'acide acétique, l'acide qui existe dans le vinaigre ; M. Pasteur, à l'acide succinique. En réalité, elle est due à ces deux composés à la fois, car l'acide acétique, comme le succinique, est un produit nécessaire de la fermentation alcoolique du sucre. Il y a de plus, ainsi que l'a démontré M. Pasteur, de la *glycérine*, la base des corps gras, un corps gras lui-même, un corps combustible et doux, ce que Scheele nommait le principe doux des huiles, et que M. Chevreul a montré être un terme nécessaire de toutes les graisses naturelles. La glycérine est le seul élément qui manquât pour nous expliquer comment le vin peut être considéré comme un aliment véritable.

Enfin il y a, outre ces produits, quelque chose encore dans le liquide qui a achevé de fermenter : ce sont des produits que l'on désigne par le nom de matières extractives; ils sont azotés et précipitables en un volumineux précipité par l'acétate de plomb basique, l'extrait de saturne. C'est à l'acide succinique et à ces matières extractives que le liquide de la fermentation doit d'être précipité par l'extrait de saturne.

Le sucre transformé devient donc acide carbonique, alcool et acide acétique; ajoutons à ces produits la glycérine et l'acide succinique, et nous retrouvons sensiblement le poids du sucre transformé et détruit.

Mais la levûre que l'on ajoute au sucre pour le faire fermenter, ou celle qui se développe spontanément dans le moût qui fermente, abandonne quelque chose de sa substance, et c'est en partie cela qui constitue les matières extractives dont j'ai parlé. En 1803, Thénard avait déjà constaté que la levûre se détruit en même temps que le sucre, et que, à la fin, on en retrouve moins qu'on n'en a employé. Elle abandonne des matériaux solubles, qui se transforment eux-mêmes, et il ne reste plus d'elle que les parties insolubles, son cadavre. Le résidu insoluble de la levûre

2

épuisée dans la fermentation alcoolique du sucre n'est plus guère formé que de cellulose, le principe immédiat essentiel du bois.

Mais, Messieurs, pourquoi est-il nécessaire de vous parler avec autant d'insistance des matériaux du moût, du sucre, comme de la matière albuminoïde, des sels qui y existent et de l'origine du ferment? J'en ai parlé d'abord et j'en reparlerai encore, parce qu'il est nécessaire que la fabrication du vin se fonde sur les données rigoureuses de la science, et parce que, pour s'affranchir de la routine, il importe de se rendre compte, plus scientifiquement qu'on ne l'a fait jusqu'ici, des conditions et des phases diverses d'un phénomène aussi compliqué ; ensuite, parce qu'il faut se bien pénétrer de cette pensée, qu'il y a une relation mathématique, une équation entre les matériaux employés dans la fermentation et les produits qui en résultent.

Il importe de comprendre, en effet, que la fermentation est avant tout un acte physiologique de la vie du ferment, et que les matières albuminoïdes ne peuvent disparaître du moût transformé en vin que grâce à leur transformation préalable en ferment, c'est-à-dire en une substance qui, en tant qu'être organisé, est de sa nature insoluble. Ces matières se précipitent dans le vin fait et se retrouvent à l'état de ferment organisé dans les lies, avec d'autres matières insolubles : l'on sait, en effet, que le dépôt qui se fait dans le vin terminé est plus abondant que celui que l'on voit se former dans le moût récent et que l'on peut séparer par le filtre.

Supposons que, dans des conditions que j'indiquerai dans la prochaine leçon, toute la matière albuminoïde ne devienne point insoluble en s'assimilant dans le ferment qu'elle nourrit : elle restera mêlée au produit, elle s'y trouvera dans des conditions spéciales, et si dans la suite elle ne peut pas, dans la phase que Macquer appelle fermentation insensible, celle qui suit la fermentation vive et qui se produit après le décuvage, si elle ne peut pas, dis-je, se transformer en ferment, elle deviendra la pâture de nouveaux germes qui, en se développant dans ce nouveau milieu, feront subir aux matériaux du vin une nouvelle fermentation qui les dénaturera ainsi que le vin, et le feront *tourner* à l'une des altérations trop fréquentes que l'on déplore dans ces contrées. Tant que la fermentation alcoolique fonctionne normalement, cet accident n'est pas à redouter ; car, en général, deux fermentations ne peuvent pas coexister, l'une étant exclusive de l'autre ; mais, lorsque l'une a cessé, une autre peut commencer et continuer dans un autre sens d'autres transformations : c'est ainsi que la fermentation lactique peut succéder à la fermentation alcoolique, et la fermentation butyrique à la fermentation lactique.

Le sucre, à son tour, peut échapper à la fermentation ou résister à l'action du ferment alcoolique, à cause de l'accumulation des produits de nouvelle formation dans le liquide. C'est ce qui arrive surtout aux vins très-alcooliques du Midi ; et il est remarquable, contrairement à ce que l'on pouvait croire, que ce sont

surtout les vins riches en alcool qui tournent le plus
facilement. C'est que ce sucre est à son tour, dans le
nouveau milieu, le terrain dans lequel pourront se développer encore de nouveaux germes, qui donneront
lieu à une nouvelle fermentation. C'est un asile ouvert
à de nouveaux organismes qui, trouvant là les matériaux de leur nutrition, s'y développeront, y vivront et
dénatureront le produit, consécutivement aux mutations de tissus qui s'accomplissent en eux, comme
dans tous les êtres qui parcourent les phases physiologiques de leur existence, depuis la naissance jusqu'à
la mort.

Nous aurons donc à nous enquérir des meilleures
conditions de vie pour le ferment, c'est-à-dire que nous
rechercherons avec soin l'influence du milieu et de la
température; la nature du rapport qui doit exister
entre le poids du sucre et celui de l'eau pour que le
ferment accomplisse toutes les phases de son existence
et transforme complétement non-seulement le sucre,
mais les produits qu'il abandonne lui-même pendant
qu'il vit ou en cessant de vivre; car, il ne faut pas
l'oublier, de même que, dans l'acte de la digestion,
nous ajoutons quelque chose de notre propre substance
aux produits ingérés, digérés, absorbés et expulsés, de
même le ferment contribue pour une part de sa substance, pendant qu'il se nourrit aux dépens du milieu
dans lequel il vit. Ceci nous amènera à rechercher l'utilité et la légitimité de l'introduction du sucre dans le
moût; mais, ce qui est plus délicat, et qu'il faut

oser dire quand on a l'honneur de parler devant d'hon-
nêtes gens, nous aurons à rechercher dans quels cas
il convient, non pas d'ajouter de l'eau au vin, mais,
ce qui n'est pas la même chose, de l'eau dans le moût,
afin de ramener tous les termes du milieu fermentant
aux meilleures conditions pour que la fermentation soit
complète; aussi complète que possible, de façon que
non-seulement le sucre, mais encore la matière albuminoïde, se transforment sans laisser de traces sen-
sibles dans le vin et n'y constituent pas un milieu
capable de subir une nouvelle fermentation qui l'altère.

SECONDE LEÇON

—

MESSIEURS,

Nous avons commencé la première leçon en rappelant l'histoire de la fermentation alcoolique. Nous avons défini la substance qui fermente : c'est le sucre de raisin, cristallisable ou non, une substance qui, sous l'influence du ferment, subit immédiatement le phénomène de la fermentation et la transformation en alcool et acide carbonique, et qui, de plus, précipite en jaune ou en rouge, avant la température de l'ébullition, le réactif bleu de M. Barreswill.

Mais, comme nous faisons usage de sucre de canne dans les expériences qui sont sous vos yeux, il faut que vous soyez bien convaincus que le résultat final est le même que celui qui se produirait avec le sucre de raisin, et qu'il ne fermente qu'en tant qu'il se transforme d'abord en sucre véritable, de la même nature que le sucre que l'on extrait du raisin. Si cela vous est démontré, il sera acquis que les conclusions que je tirerai de ces expériences seront applicables au sucre de raisin lui-même et, par suite, à la vinification.

Voici du sucre de canne, j'en introduis dans ces deux tubes une égale quantité. Dans l'un je verse le réactif bleu, un peu d'eau et un peu de potasse; je fais bouillir, et vous voyez que le mélange reste bleu. Dans l'autre j'ajoute un peu d'eau et une goutte d'acide chlorhydrique; je porte à l'ébullition, je sature par un peu de potasse et je verse le produit de la réaction dans le premier tube; vous voyez maintenant que, sans chauffer de nouveau, il se forme instantanément un précipité jaune qui passe peu à peu au rouge. Tout à l'heure nous verrons que, sous l'influence d'un ferment spontanément développé dans une solution de sucre de canne, la transformation en sucre de raisin s'accomplit également, de même que dans la première phase de la fermentation alcoolique.

Nous avons ensuite défini ce que l'on doit entendre

par ferment et dit sommairement comment il nait.
Enfin je vous ai donné le tableau des produits qui sont
engendrés dans l'acte de la fermentation alcoolique.

Le sujet est, en effet, tout entier compris dans cette
trilogie :

La substance qui fermente, le sucre ;

La substance qui est l'agent de la fermentation, le
ferment ;

Le résultat de la fermentation, les produits.

Au point de vue de la fermentation qui nous occupe,
je n'ai plus rien à vous dire sur le sucre.

Mais nous devons nous occuper avec soin du développement du ferment : d'abord des phénomènes qui
accompagnent sa naissance ; ensuite des phénomènes
dont il détermine la manifestation pendant sa vie
dans les milieux sucrés ; et enfin des produits qui
résultent de cette vie du ferment dans ces milieux,
de l'action réciproque du ferment sur le sucre et du
sucre sur le ferment.

J'ai déjà insisté sur la nécessité de l'intervention
de l'air atmosphérique dans la fermentation du moût,
et j'ai dit qu'il y apporte le germe dont le développement doit engendrer le ferment. Tant que le grain de
raisin attaché à la grappe reste intact, que les cellules
qui contiennent le suc sucré restent entières, ce suc
ne s'altère pas, et, si l'on parvenait à détacher un
de ces grains sans mettre son contenu en contact avec
l'atmosphère et à le conserver à l'abri du gaz qui la
constitue, sa conservation serait indéfinie. On sait,

du reste, que le raisin peut sécher sur la grappe et se conserver.

Il est indispensable, dans l'intérêt même de l'art de fabriquer le vin, de vous convaincre de la réalité absolue de la présence des germes dans l'air. — Voici comment j'ai été amené, il y a de cela déjà longtemps, à supposer et à démontrer ensuite que le développement de certaines moisissures et certaines transformations consécutives à leur naissance sont dus à l'arrivée des germes par l'air.

On savait depuis longtemps, et tous les pharmaciens savent, que les sirops préparés avec le sucre de canne se couvrent rapidement de moisissures lorsqu'ils ne sont pas suffisamment concentrés, qu'ils contiennent trop d'eau. On savait que, dans ces circonstances, le sucre de canne se transforme en sucre de raisin, et on attribuait la transformation à l'action lente de l'eau, dont une partie s'unit à la molécule du premier de ces sucres pour former l'autre. J'ai voulu m'assurer de la réalité de cette interprétation, et, en 1854, j'ai commencé une série d'expériences qui se continuent encore. Le sucre de canne se transforme réellement en sucre de raisin, même lorsque l'eau distillée et le sucre que l'on a employés sont purs. Mais, si l'on introduit dans la dissolution sucrée du chlorure de zinc ou du chlorure de calcium, la transformation n'a plus lieu. Pourquoi se produit-elle dans l'eau pure ?

Dans la dissolution faite avec l'eau distillée, je ne

tardai pas à remarquer que le changement en sucre de raisin coïncidait avec le développement des moisissures.

Il était admis jusqu'à cette époque que ces moisissures avaient pour origine la présence, dans la liqueur sucrée, de quelque matière azotée de nature animale. Mais le sucre que j'employais était pur, ne contenait aucune trace de matière azotée, et l'eau avait été distillée exprès. Je fis donc la supposition que des germes venus de l'air, trouvant dans l'eau sucrée un terrain convenable, pouvaient bien s'y développer pour produire des moisissures capables de faire fonction de ferment; que, dans les liqueurs sucrées contenant le chlorure de zinc ou le chlorure de calcium, les germes, ne pouvant pas se développer, périssent; que par conséquent l'eau seule, sans développement de moisissure, n'agit pas sur le sucre de canne, ne s'y combine pas.

J'ai donc institué une seconde série d'expériences destinées à démontrer la proposition suivante:

« L'eau froide ne modifie le sucre de canne qu'autant que des moisissures peuvent se développer, ces végétations agissant ensuite comme ferment. »

Après plusieurs essais, j'ai institué, le 25 juin 1856, des expériences auxquelles on a mis fin, à Montpellier, le 5 décembre 1857. Dans tous les vases dans lesquels on avait empêché l'arrivée de l'air, ou dans lesquels on avait introduit quelque substance sans action chimique sur le sucre, mais dont on connaissait l'action antiseptique spéciale, celui-ci s'est conservé intact, parce que les moisissures ne se sont pas développées. Il suffit, par exemple, d'une petite goutte de créosote, dans un flacon assez grand, pour empêcher ces moisissures de naître et le sucre de se transformer. Au contraire, dans tous les flacons où l'air avait eu un libre accès, ne fût-ce que pendant quelques instants, on a vu des moisissures se former rapidement et le sucre se transformer corrélativement. Voici une dissolution de sucre de canne très-pur qui a été faite devant une personne qui est dans cet auditoire, il y a quinze jours à peine ; vous y voyez une large moisissure flottant dans le liquide ; c'est elle qui a déterminé la fermentation particulière qui a changé le sucre ordinaire en sucre de raisin, ce que nous démontre le réactif de Barreswill, car il est réduit du bleu en un précipité jaune qui passe au rouge.

Voici maintenant un flacon qui contient une dissolution de sucre de canne conservée avec une goutte de créosote depuis 1856. Nous en prenons dans deux tubes et nous opérons comme au commencement de la leçon. Vous voyez que la dissolution seule n'agit pas sur le réactif bleu, et qu'elle y agit vivement quand on l'a chauffée préalablement avec une goutte d'acide chlorhydrique. Dans l'intervalle de sept années, le sucre de canne s'est donc conservé intact dans la dissolution aqueuse. Une dissolution du même sucre et de sulfite de soude se conserve aussi indéfiniment.

Des expériences que je viens de rapporter, il ressort

clairement que, en évitant l'accès des germes, on évite la formation des moisissures, et, par suite, la transformation du sucre de canne, sa fermentation glucosique. Cette modification n'a pas lieu non plus, si, tout en laissant pénétrer les germes avec l'air, on leur prépare d'avance un terrain dans lequel ils ne puissent se développer ou vivre.

Ces expériences expliquent encore l'emploi rationnel des sulfites de soude et de chaux dans le mutage des moûts et de la bière. Je viens de dire que je me suis assuré, par des essais directs, que ces sels, de même que l'acide sulfureux, s'opposent au développement des moisissures.

Répétons-le, le grain de raisin attaché à la grappe et non blessé ne fermente pas. On le conserverait indéfiniment, si on pouvait le détacher sans le déchirer, sans rompre les cellules qui contiennent le jus. Le moût lui-même se conserverait sans altération, comme quand il est muté, si on le privait absolument du contact de l'air, ou, pour parler exactement, du contact des germes apportés par l'air. Mais, passez-moi le mot, l'air est donc farci de germes ! Leur existence y est réelle, vous l'avez vu ; par induction, on ne pouvait nier leur présence, et j'avais, dans la naissance des moisissures et la transformation corrélative du sucre de canne, des témoins irrécusables de leur existence ; mais, depuis, M. Pasteur les a recueillis, vus, maniés. On les retrouve dans tous les points de l'espace habité.

Mais ici se présente une question : Y a-t-il des germes particuliers pour chaque genre de fermentation ; ou bien plusieurs espèces de germes, ou la même espèce, peuvent-elles provoquer, une fois développées, la même fermentation ou plusieurs fermentations différentes?

Vous voyez, dans les flacons qui sont là sous vos yeux, que les moisissures développées dans le sucre de canne ont une apparence différente, suivant le milieu qui leur a été préparé d'avance. Mais, si j'avais mis, au lieu de sucre de canne, d'autres liqueurs plus complexes, comme nous allons voir, j'aurais vu se former d'autres organismes, se produire d'autres fermentations. Est-ce le même germe qui se développe autrement dans des terrains divers, ou sont-ce des états divers du développement du même être? Ce sont là des questions intéressantes, que je ne me charge pas de résoudre, et qui sont plus spécialement du domaine des études des naturalistes.

Sans trancher la question de l'individualité spécifique des germes, nous pouvons maintenant nous demander quelles conditions il faut remplir pour que la levûre naisse. Le germe qui, en se développant, produit le ferment alcoolique existe dans l'air, voilà ce qu'il faut démontrer. Pour vous en convaincre, nous allons citer une expérience qui ne laisse pas que d'être démonstrative. Il y a une maladie dans laquelle l'économie humaine produit anormalement une grande quantité de sucre, le même que celui de raisin cristallisable que je vous ai montré : c'est le *diabète sucré*. C'est dans l'urine que ce sucre s'accumule, et il y en a quelquefois jusqu'à 200 gr. par litre, autant que dans certains moûts de raisin. On peut remarquer que ce produit pathologique renferme, outre le sucre et l'eau, des sels ammoniacaux, des phosphates et de la matière albuminoïde. Dans le corps humain, l'urine diabétique ne fermente pas ; récemment évacuée, elle est limpide et l'on n'y remarque aucun dégagement gazeux quelconque ; mais, exposée au contact de l'air, il ne tarde pas, la liqueur étant devenue trouble, à s'y manifester un mouvement de fermentation, et, si l'on ferme l'appareil à l'aide d'un bouchon muni d'un tube abducteur, on voit se dégager des bulles d'acide carbonique ; la liqueur s'éclaircit ensuite peu à peu, et à la fin il y a un dépôt de ferment alcoolique, qui peut à son tour exciter cette fermentation dans du nouveau sucre. Si l'on prend un peu de cette levûre et qu'on la mette en contact avec une nouvelle quantité d'urine diabétique récente, qu'on la sème en un mot, elle fait presque aussitôt fermenter le sucre qui s'y trouve, pendant qu'elle-même augmente considérablement de quantité par la naissance de jeunes globules ; de sorte qu'on obtient un poids de levûre supérieur au poids de celle que l'on a semée. Il va sans dire que dans la liqueur fermentée on trouve une quantité d'alcool sensiblement proportionnelle à celle du sucre que contenait le liquide pathologique.

Pour second exemple prenons le suivant, que vous

avez là fonctionnant sous vos yeux. On a fait bouillir
de la levûre avec de l'eau ; de cette façon la levûre a
été tuée et rendue inactive. La liqueur obtenue a été
filtrée jusqu'à ce quelle fût devenue parfaitement limpide. Le *bouillon de levûre* ainsi préparé a servi à dissoudre du sucre ; la dissolution a d'abord été exposée
à l'air pendant deux heures, l'appareil a été fermé
ensuite. Bientôt la liqueur se troubla, la fermentation
devint très-active, et il finit par se faire au fond du
vase un dépôt de ferment alcoolique que vous y voyez
déposé et qui, au microscope, possède les mêmes caractères que la levûre des brasseurs. Il n'y avait rien
dans ma dissolution qui pût engendrer la levûre, le
germe est venu de l'air. Si l'on n'avait pas introduit
de sucre dans le bouillon de levûre, il se serait pu-
tréfié, comme le bouillon de viande, en répandant
une odeur infecte ; d'autres organismes s'y seraient
développés, des vibrions au lieu de globules de levûre.
A quoi tient la différence des produits? A la nature
du milieu, du terrain que nous avions préparé pour
le développement du ferment. Dans la liqueur sucrée,
la matière albuminoïde enlevée à la levûre et tenue
en dissolution devient la nourriture, l'aliment plastique du germe d'abord, et du ferment lui-même ensuite; c'est elle qui lui permet de se développer et de
se multiplier, tandis qu'en s'organisant elle devient
insoluble elle-même et se sépare de la liqueur, qui
subit les transformations que nous connaissons. C'est
cette même matière albuminoïde qui se putréfie quand

on abandonne le bouillon à l'air, grâce au développement d'autres espèces d'êtres microscopiques dont la vie, dans ce milieu, occasionne une nouvelle espèce de fermentation. Dans l'eau sucrée, au contraire, la matière albuminoïde ne se putréfie pas, parce qu'elle devient élément constituant du ferment alcoolique, qui est incorruptible en tant qu'être organisé et vivant ; et tant que cette levûre sera dans l'eau sucrée elle ne se putréfiera pas, mais elle y subira les métamorphoses normales et physiologiques qui la conduiront insensiblement à la mort, en passant par les âges successifs d'enfance, d'adulte et de vieillesse.

Voyons enfin comment la levûre prend naissance dans la fabrication de la bière. On fait germer de l'orge, et, lorsque les radicules ont atteint 3 à 4 millimètres de longueur, on arrête la germination par la dessication à une température convenable, qui ne doit pas dépasser 50 à 60 degrés. L'orge germée étant desséchée et broyée, est mise à infuser dans l'eau à une température qui ne doit pas atteindre 80 degrés. L'orge contient de la fécule, du gluten, de l'albumine et des phosphates. Pendant l'acte de la germination, sous l'influence de l'humidité et de l'oxygène de l'air, les matières albuminoïdes se modifient et engendrent la *diastase*, substance organique mais non organisée, analogue des substances albuminoïdes, qui possède la propriété de transformer, entre 60 et 80 degrés, dans une quantité suffisante d'eau, la fécule successivement en dextrine et en sucre de raisin cris-

3

tallisable. Lorsque cette transformation est opérée, le brasseur élève la température jusqu'à l'ébullition de l'eau, afin d'annihiler l'influence de la diastase. Le liquide sucré que l'on obtient ainsi est un milieu composé d'eau, de sucre, de matière albuminoïde modifiée et de sels minéraux, phosphates et autres, abandonnés par l'orge; en un mot, c'est un moût artificiel, qui est celui de la bière, comme le jus du raisin est celui du vin. Le terrain étant préparé, le germe arrive, la levûre se développppe et le moût fermente. Si, au lieu d'attendre l'arrivée des germes, on ajoute de la levûre d'une précédente opération, la fermentation commence aussitôt, et à la fin, la bière étant faite, on trouve une quantité de levûre qui est souvent sept fois plus grande que celle que l'on a employée; la levûre alcoolique s'est accrue aux dépens de la matière albuminoïde pendant qu'elle transformait le sucre et même qu'elle s'en nourrissait en en fixant une petite partie sous forme de ligneux, comme l'a prouvé M. Pasteur, le reste devenant acide carbonique, alcool, et les autres composés que nous connaissons déjà, et qui sont les produits physiologiques de la vie du ferment dans son milieu normal, qui est l'eau sucrée.

Si, au lieu de placer la levûre dans le moût, on l'avait placée dans de l'eau sucrée pure, elle aurait bien encore fait des jeunes, elle se serait multipliée sans doute; mais, la quantité nouvelle qui se serait formée par bourgeonnement étant inférieure à celle qui meurt d'épuisement et de vieillesse, on trouverait à la fin

une perte de poids; c'est que les éléments constituants
de la levûre, les éléments intimes, en sortent modifiés,
pour se mêler aux autres produits de la fermentation.
Par exemple, si l'on fait fermenter 20 grammes de
levûre avec des quantités successives de sucre qui
l'épuisent, on ne retrouve plus à la fin que 10 grammes
de globules, qui ne représentent plus que le poids
des cadavres de la levûre employée, et ces cadavres
sont formés essentiellement du ligneux qui formait
comme la charpente, le squelette, en quelque sorte,
de ces globules. Et cela doit être ainsi, car c'est une
loi physiologique qui domine toute la théorie de la
digestion et de la nutrition, que dans ce dernier
phénomène l'animal ou l'être organisé quelconque
apporte autant de sa propre substance que l'aliment
ingéré. Pour la digestion, il faut de la salive, du suc
gastrique, du suc pancréatique, de la bile et des sucs
intestinaux; or une partie des matériaux constitutifs
de ces produits est réabsorbée en même temps que
se fait l'absorption de la substance digérée, tandis que
l'autre partie est rejetée au dehors, avec les portions
non absorbées de la substance alimentaire digérée.

Mais est-il permis d'assimiler la levûre de bière avec
la levûre de vin ? Oui, car le ferment qui naît dans ces
deux circonstances a les mêmes caractères microscopiques, organiques et fonctionnels. Oui, car la levûre
de bière introduite dans le moût filtré y détermine la
fermentation alcoolique ou vineuse, et le ferment du
vin introduit dans l'eau sucrée y provoque la même

fermentation, absolument comme la levûre de bière. La levûre qui se développe pendant la fermentation du moût de bière, comme celle qui se forme dans le moût de raisin, est le même être, qui naît, vit, se développe et meurt de la même façon, en déterminant dans les mêmes milieux la manifestation des mêmes phénomènes. Voilà pourquoi il convient, avec M. Pasteur, d'adopter l'appellation de *ferment alcoolique* comme exprimant à la fois sa fonction dominante et sa nature, en évitant les équivoques.

Maintenant que nous avons pu nous convaincre que le ferment naît, se développe et vit comme tous les êtres organisés, voyons quelles sont les conditions de sa vie active dans l'eau sucrée.

Il ne faut pas s'imaginer que le ferment agisse ni indéfiniment, ni dans un rapport quelconque avec le poids du sucre et celui de l'eau. Il ne faut pas croire non plus que la vie du ferment soit le plus physiologiquement normale dans l'eau sucrée pure. Il en faut d'autant moins, toutes choses égales d'ailleurs, et la fermentation est d'autant plus rapide, que sa nutrition se fait le plus facilement. Ainsi la fermentation complète du sucre de canne (je m'en suis assuré directement par des expériences qui seront publiées plus tard) peut se faire au moins cinq fois plus rapidement avec une bien moindre quantité de levûre, quand on a soin de la pourvoir d'une alimentation suffisante, que quand on n'emploie que de l'eau pure. Pour le moment, je ne m'occuperai que des conditions de la fermentation du sucre dans l'eau seule, parce que ce sont jusqu'ici les mieux étudiées.

Lavoisier déjà a indiqué le meilleur rapport entre le poids du sucre et celui de l'eau. Ce rapport est de 1 partie en poids de sucre pour 4 parties d'eau. Ces proportions ont été à peu près universellement adoptées par les chimistes. On est moins d'accord sur la quantité du ferment. Lavoisier en employait une quantité égale à 1/10 du poids du sucre. Si le ferment a été bien lavé, il en faut au moins 1/4 du poids du sucre [1] pour que la fermentation soit achevée dans l'intervalle de 6 à 10 ou même seulement de 15 jours.

Si la quantité de sucre est énorme par rapport à l'eau, la fermentation n'a pas lieu, quelle que soit la proportion de ferment. Il ne meurt pas, mais il ne peut pas vivre dans un sirop.

Si la quantité de sucre est telle que la fermentation puisse s'établir, mais que la levûre soit en quantité insuffisante, l'eau étant dans le rapport voulu, la fermentation languit, elle dure très-longtemps, devient anormale, se dénature, et à la fin, même lorsque tout le sucre n'est pas transformé, on obtient un produit dont l'odeur est mauvaise. La quantité et peut-être la qualité des composés formés varient beaucoup dans ces sortes de fermentations.

[1] On suppose, en donnant ces chiffres, que l'on fait usage de levûre de bière en pâte, contenant 18 p. 0/0 de levûre séchée à 100 degrés.

Si l'eau est en trop grande quantité, le rapport entre le sucre et la levûre étant observé, la fermentation s'accomplit encore, mais elle est moins rapide· et s'achève avec peine.

Le rapport entre l'eau et le sucre étant normal, la rapidité est proportionnelle à la quantité de levûre, c'est-à-dire proportionnelle, permettez-moi cette locution, à la quantité ou plutôt au nombre des individus qui consomment. Tandis que 16 grammes de ferment alcoolique demandent 8 à 10 jours pour transformer 50 grammes de sucre, la même quantité de sucre est dévorée dans quelques heures par 160 grammes de levûre, et l'on aurait tort de croire que la masse de cette levûre, dans une certaine limite, soit nuisible. Chez les brasseurs, la quantité qui s'en forme est toujours supérieure à ce qui est nécessaire pour achever la fermentation. A mon avis, on s'est toujours trop préoccupé de l'influence de la masse de la levûre : si elle est bien nourrie, elle n'est jamais nuisible.

Le fait le plus saillant pour nous et pour la vinification, qui ressort de l'étude que nous venons de faire du développement et de la vie du ferment, c'est que pendant qu'il s'accroît il élimine la matière albuminoïde du milieu sucré, en la rendant insoluble par l'assimilation, et, si nous la retrouvons dans les liqueurs fermentées, c'est à l'état de produit de transformation incapable de nourrir le ferment; par conséquent, incapable de nuire à la conservation ultérieure du vin.

Occupons-nous maintenant des phénomènes dont le

ferment détermine la manifestation pendant sa vie dans les milieux sucrés. Ces phénomènes sont d'ordre physique et d'ordre chimique.

Pendant la vie du ferment dans l'eau sucrée, il se dégage et il doit se dégager de la chaleur. Nous allons d'abord établir le fait, puis nous démontrerons que tout le faisait prévoir.

Dans l'expérience qui fonctionne sous vos yeux, on a introduit le sucre, l'eau et la levûre dans une grande dame-jeanne, dans les meilleurs proportions. Il y a là en fermentation 9 kilog. de sucre, 36 kilog. d'eau et 2,250 gr. de levûre de bière lavée en pâte [1]. La température du mélange était de 18 degrés au moment où il a été introduit dans l'appareil; la température ambiante était de 25 degrés dans la salle. Douze heures après, dans cette petite masse (la fermentation s'était établie deux heures environ après l'introduction du mélange dans l'appareil), malgré la perte de chaleur due au rayonnement, nous remarquons, lorsque déjà une grande quantité d'acide carbonique s'est dégagée, nous remarquons, dis-je, que la température, prise à l'aide d'un thermomètre à maxima très-sensible, s'est élevée à 33 degrés, pendant que la température de la salle en ce moment, indiquée par le thermomètre qui est suspendu près de l'appareil, ne marque encore que 25 degrés. Vous le voyez, la différence est de 8 degrés; mais la température s'élèvera encore et nous attein-

[1] Levûre séchée à 100 degrés, environ 400 grammes.

drons, certainement, 55 à 56 degrés (la température maxima a été trouvée de 55°,5).

Remarquez bien ce fait, Messieurs, car, s'il est important, il est aussi nécessaire. Vous comprendrez que ce dégagement de chaleur est *nécessaire* et pouvait être prévu, si vous le rattachez à un phénomène général, à une loi physiologique et chimique, car nous sommes sur le terrain de ces deux sciences. En effet, dans toute action chimique, comme pendant la vie régulière de tous les êtres vivants, il y a dégagement de chaleur. Ainsi pendant la vie du ferment alcoolique au sein de l'eau sucrée, comme pendant l'existence normale de tous les êtres organisés vivant dans leur milieu naturel, il y a réaction chimique manifestée par des phénomènes apparents, par les produits qui prennent naissance, et par un dégagement corrélatif de chaleur.

Ce dégagement de chaleur, s'il devient excessif, ne peut-il pas être nuisible? Est-il, d'autre part, bien utile que la température s'élève autant, et ne peut-on pas faire fermenter à plus basse température?

Dans mon opinion, et je voudrais vous la faire partager, l'élévation trop grande de la température est nuisible; il est utile et possible, d'ailleurs, de faire fermenter à basse température.

La possibilité ressort de la nature du ferment et de l'expérience. En effet, la levûre peut se développer entre 8 et 20 degrés. A 10 degrés déjà, le ferment se développe, vit et agit très-bien, mais c'est entre 20 et 25 degrés que sa vie se manifeste avec le plus d'activité. C'est entre 10 et 25 degrés que les produits les plus normaux, toutes choses égales d'ailleurs, doivent se former, puisque c'est là une des conditions physiques de la vie physiologique du ferment. La levûre agit encore très-bien à 40 degrés, sans doute; mais, dans le milieu le moins complexe, celui que vous avez sous les yeux, vous allez voir que relativement aux produits il y a déjà quelque chose d'anormal; si la température s'élève davantage, elle finit par mourir; au-dessous de zéro, ou à cette température même, elle ne peut ni se développer, ni déterminer la fermentation.

L'inconvénient du trop grand développement de chaleur ressort de l'expérience même, et au point de vue de la vinification cet inconvénient est capital, extrême. Pour vous en convaincre et vous le faire toucher, en quelque sorte, je vous prie de bien considérer l'appareil qui fonctionne devant vous. Vous remarquez que le vase dans lequel s'accomplit la fermentation communique avec une série de flacons. Le premier contient de l'eau, le second de l'alcool, le troisième et le quatrième une dissolution de carbonate de soude. L'acide carbonique, qui se dégage à flots pressés, barbote dans ces liquides, et on remarque qu'il entraîne avec lui divers produits : en effet, le papier de tournesol que l'on a placé dans le premier et dans le second flacon y a vivement rougi, ce qui indique l'arrivée d'acides volatils différents de l'acide carbonique;

l'acide acétique par exemple. Mais, ce qui est bien autrement digne de remarque, le gaz qui a traversé tous les flacons et qui s'échappe dans l'atmosphère possède encore une odeur suave qui fait penser à celle des fruits, de l'ananas, de la poire, etc. Cette odeur est due aux éthers de divers acides gras ou de divers alcools; quoi qu'il en soit, l'eau du premier flacon et l'alcool du second ont conservé quelque chose de ces produits, car ils sont très-odorants, et, si vous trempez un peu de sucre dans ces liquides, vous trouvez qu'ils sont parfumés.

Il est donc important, on le comprend maintenant, que la fermentation s'accomplisse dans les limites de température les plus voisines des limites normales. A mon avis, on ne devrait pas dépasser 25 ou 30 degrés. On devrait même s'arranger pour qu'on atteignît tout au plus 25 degrés, bien entendu du thermomètre centigrade.

Or, dans le Midi, on commence la vendange dans les premiers jours du mois de septembre, alors que la température moyenne de la journée atteint généralement 20 à 24 degrés. On introduit la vendange dans des cuves ou dans des tonneaux immenses. Cette vendange est elle-même échauffée par les ardeurs de la journée, de telle sorte que la fermentation, au lieu de commencer à basse température, commence à celle qu'elle devrait tout au plus atteindre lorsqu'elle est à son maximum d'intensité. Ainsi, d'une part, température initiale de la vendange trop élevée, et, d'autre part, fermentation en trop grandes masses. Ces deux causes réunies doivent élever la température du mélange bien au-dessus de 36 degrés, et je ne serais pas surpris qu'un thermomètre plongé dans les grandes cuves, au centre, ne s'élevât jusqu'à 45 degrés.

On reproche à nos vins (je ne veux parler ici que des vins ordinaires) d'être plats, de n'avoir pas de bouquet, tandis que ceux du Nord en sont doués. A ce sujet, il est bon d'observer que, plus nous avançons vers le Nord, plus la vendange se fait tard. Dans ces contrées, on récolte donc et on fait fermenter dans les conditions les plus favorables. Aussi la fermentation n'y est-elle pas aussi rapide qu'ici, et sans doute les pertes dues aux produits entraînés par l'acide carbonique y sont moindres.

Ce dégagement d'acide carbonique est d'autant plus considérable, dans le même temps, que la fermentation est plus vive, cela va de soi. Supposons donc que la phase la plus active de la fermentation se termine dans l'espace de quatre jours; ce sera pendant ce court intervalle que presque tout l'acide carbonique se dégagera. Or, théoriquement, presque la moitié du sucre doit se dégager à l'état d'acide carbonique. Par l'expérience, on trouve, au minimum, que les 1,500 kilogr. de sucre qui existent dans 11 muids de moût d'*aramon* produisent, à la température de 36 degrés, plus de 300,000 litres d'acide carbonique [1]. Eh bien! c'est cet immense volume qui

---

[1] Si tout le sucre se transformait en acide carbonique et alcool, ce chiffre atteindrait près de 400,000 litres.

s'échappe ici dans moins de huit jours. C'est effrayant, quand on songe à tout ce qu'il entraîne avec lui. Nous reviendrons sur ce sujet.

L'expérience précédente ne démontre-t-elle pas, sans avoir recours au raisonnement, que l'élévation excessive de la température fait perdre de l'acide acétique, des principes odorants, de l'alcool, peut-être des principes qui conçourent pour donner au vin le bouquet, ce quelque chose qui en relève si singulièrement le mérite et la valeur! Mais, en même temps que le développement de chaleur devient trop considérable, est-on bien sûr que l'on ne fausse pas la nature de la réaction et celle des vins que l'on produirait dans de meilleures conditions?

Les résultats de la fermentation alcoolique ont déjà été indiqués plusieurs fois. Ce sont, outre l'acide carbonique, l'alcool et l'acide acétique déjà signalés par Lavoisier, l'acide succinique, la glycérine et des matières extractives, c'est-à-dire des matières sur lesquelles nous ne savons que fort peu de chose.

Dans la fermentation qui s'accomplit dans les meilleures conditions et le plus régulièrement possible, il y a toujours une portion du sucre qui ne se transforme pas en alcool et acide carbonique. Cette portion se retrouve sous forme d'un résidu fixe ou peu volatil qui contient précisément l'acide succinique, la glycérine et les matières extractives dont nous venons de parler. Pour 100 grammes de sucre de canne employés et fermentés avec 25 ou 30 grammes de ferment en pâte (contenant de 4 à 6 grammes de levûre sèche), ce résidu pèse en moyenne 6 grammes. Lavoisier, qui n'avait pas négligé ce résidu pas plus que les produits que l'on connaissait de son temps, l'acide acétique par exemple, dont on a nié depuis la formation possible, mais dont l'existence est réelle et qu'il a bien véritablement eu entre les mains dans les produits qu'il a maniés, Lavoisier avait trouvé pour le poids de ce résidu 6^{gr},58 et le désignait par le nom de résidu sucré, le prenant, en effet, pour du sucre. Mais le nombre 6^{gr},58, que j'ai calculé à l'aide des nombres qu'il a fournis, éloigne l'idée que ce résidu fût formé par du sucre.

M. Pasteur a trouvé dans ce résidu la glycérine et l'acide succinique. L'excédant du poids total sur celui de ces deux substances est représenté par les matières que le ferment a abandonnées et qui proviennent, sans doute, de la matière albuminoïde transformée pendant sa vie ou qu'il a abandonnée après sa mort.

Les produits de la fermentation, comme tout ce qui précède tend à le démontrer, sont donc dus à la fois au ferment et au sucre. Le sucre, étant le terme le plus abondant, fournit le plus de matériaux. D'après M. Pasteur, la part du sucre serait représentée par les chiffres de ce tableau.

100 grammes de sucre de raisin sec fournissent, d'après M. Pasteur :

Acide carbonique.............	46,67
Alcool.....................	48,46
Glycérine..................	5,25
Acide succinique...........	0,61
Matières cédées au ferment et indéterminées	1,05
	100,00

Nous savons que ces termes ne sont pas les seuls et que cette composition centésimale devra être remaniée. Quoi qu'il en soit, ce sont là certainement les produits qui sont surtout fournis par le sucre; je dis surtout, car, nous l'avons vu, il faut tenir compte des produits apportés par le ferment; or ces produits se rapprochent par certains points de ceux que fournit le sucre. C'est ainsi que M. Pasteur a fort bien fait voir que le ferment, en se nourrissant aux dépens de lui-même, dégage de l'acide carbonique et produit de l'alcool; donc il peut produire aussi de la glycérine, de l'acide succinique et de l'acide acétique.

Mais nous reviendrons sur ces importantes questions dans la prochaine leçon, qui sera consacrée à l'étude plus détaillée des produits qui résultent de la vie du ferment dans l'eau sucrée.

TROISIÈME LEÇON

MESSIEURS,

J'espère avoir réussi à vous convaincre que le ferment alcoolique est un être organisé, et, le microscope aidant, nous avons vu qu'il est formé en entier de globules et de vésicules légèrement ovoïdes (contenant un liquide et quelquefois des granulations intérieures), dont le diamètre atteint en moyenne un centième de millimètre. Nous avons en quelque sorte assisté à sa naissance; nous avons étudié son développement et sa vie dans des milieux naturels ou artificiels.

Aussitôt que le ferment alcoolique est placé dans

son milieu naturel, il ne reste pas un instant oisif, il s'agite, la fermentation s'établit ; on le voit naître par bourgeonnement, s'accroître, et, si la nourriture est suffisante, se multiplier de façon que l'on en retire d'une fermentation plus qu'on n'en a introduit, ou, pour employer une expression heureusement appliquée par M. Pasteur, qu'on n'en a semé.

Toutefois la vie normale du ferment ne saurait s'accomplir que dans un milieu convenablement complexe, contenant, en même temps que l'eau et le sucre, des matières albuminoïdes dans un état particulier[1] et divers sels, parmi lesquels notamment le phosphate de chaux, celui de magnésie et celui de potasse, qui, d'après M. Mitscherlich, entrent en effet dans la composition des cendres de levûre. Dans ces conditions, les plus jeunes globules se développent à l'aise, les aînés parcourent toutes les phases de leur existence, meurent et laissent leurs débris au milieu de leur progéniture.

Dans l'eau sucrée pure, le ferment vit et se développe moins bien, car il n'y trouve que deux éléments de sa nutrition, le sucre et l'eau. C'est là une conséquence de sa nature organisée, et si les plus jeunes parviennent encore à s'accroître, c'est parce que les

---

1. L'albumine du blanc d'œuf n'est pas immédiatement capable de nourrir le ferment ; ce n'est qu'au bout d'un certain temps que le ferment peut s'assimiler cette substance : sans doute seulement lorsqu'elle a subi quelque modification qui la rend semblable aux matières albuminoïdes digérées.

aînés, en mourant, leur abandonnent leurs restes en pâture ; c'est de ces dépouilles qu'ils se nourrissent alors, et dans l'eau sucrée ils ne peuvent s'organiser que tout juste aux dépens des matières albuminoïdes et des phosphates qu'abandonnent les cadavres des globules anciens. Il pourrait même arriver que les plus jeunes bourgeons, dont la vitalité est plus puissante, ne pussent se développer qu'en hâtant la mort de leurs mères pour s'emparer de la matière plastique azotée et des sels que leurs restes renferment. Cela explique, du reste, comment il se fait que le poids absolu de la levûre qu'on retire de ces sortes de fermentations est toujours moindre que celui de la levûre employée, bien que celle-ci bourgeonne et se multiplie.

La notion que le ferment est un être vivant me paraît si importante, que je ne crains pas d'y insister encore. Elle a reçu une belle démonstration d'une expérience de M. Pasteur qui achèvera d'apporter la conviction dans vos esprits.

L'influence d'un être organisé vivant sur tout ce qui l'entoure est si puissante, que, s'il ne trouve pas tout formés les aliments plastiques dont il a besoin pour vivre, mais seulement les éléments générateurs prochains de ces aliments, il détermine leur formation par la réaction réciproque de ces éléments. C'est ainsi qu'un végétal vivant force certains composés minéraux de l'atmosphère et du sol (l'acide carbonique, l'eau, l'ammoniaque, les sels), à se convertir en matière or-

4

nique. Or il faut impérieusement au ferment de la matière albuminoïde spéciale et des sels pour vivre, et l'expérience de M. Pasteur consiste précisément à ne lui fournir que des composés dans lesquels il trouvera les matériaux dont l'agencement pourra produire cette matière et ces sels. Ce savant a introduit dans l'eau sucrée du tartrate ou du phosphate d'ammoniaque, et pour composés minéraux les phosphates qui constituent la cendre de levûre; puis il y a semé une quantité presque impondérable de ferment alcoolique. Cette petite quantité du corps organisé a suffi pour forcer l'ammoniaque et le sucre à concourir avec les phosphates pour former la matière organique azotée complexe dont il a besoin, et le ferment s'est multiplié et le sucre a fermenté. Mais, si l'on supprime dans la composition du milieu, soit le sucre, soit le sel d'ammoniaque, soit la matière minérale, le ferment ne se développe pas et la semence périt.

C'est ainsi que nous pouvons poser en principe qu'un être organisé inférieur, un ferment, détermine l'accomplissement des réactions chimiques nécessaires à la formation des milieux dans le sens qui est nécessaire à son développement normal. Le ferment se fait son milieu si on ne le lui fournit pas, pourvu que les éléments prochains des composés qui doivent former ses tissus se trouvent réunis.

Pendant la vie du ferment, il y a dégagement de chaleur, si bien que la température, dans une masse qui n'était que d'environ 40 litres, s'est élevée de près

de 10 degrés au-dessus de la température initiale du
mélange et de celle de l'air de la salle. Il est probable
que dans de plus grandes masses, à cause de la déperdition moindre de chaleur par le rayonnement,
l'élévation de température est beaucoup plus grande.
L'influence de ce dégagement de chaleur est très-
notable dans la fermentation du moût. Nous allons
tâcher de nous en rendre compte.

La fermentation peut s'accomplir normalement entre
15 et 25 degrés centigrades (dans ce qui précède, nous
avons toujours entenpu parler de cette graduation du
thermomètre). Dans ces conditions, à quelques centièmes près, la moitié environ du sucre se dégage à
l'état d'acide carbonique, lequel entraîne nécessairement avec lui des produits volatils. Chaptal avait
déjà constaté cette déperdition d'alcool dans la fermentation, c'est Lavoisier qui le rapporte dans son
traité (t. Ier, p. 160, édition de 1805). « M. Chaptal,
professeur de chimie à Montpellier, dit-il, prend du
gaz acide carbonique dégagé de la bière en fermentation, il en imprègne de l'eau jusqu'à saturation.... Il
met cette eau à la cave dans des vaisseaux qui ont
communication avec l'air, et au bout de quelque temps
le tout se trouve converti en acide acéteux. » C'est
que « le gaz acide carbonique des cuves de bière en
fermentation n'est pas entièrement pur ; il est mêlé
d'un peu d'alcool qu'il tient en dissolution.... » Nous
avons vu pour notre part et vous avez été témoin qu'il
ne se perd pas seulement de l'alcool, mais encore de

l'acide acétique et des produits éthérés odorants, suaves, que l'on n'avait pas encore signalés dans la fermentation alcoolique. Or il est évident que cette perte de produits volatils sera d'autant plus considérable que la température s'élèvera davantage, et je ne suis pas loin de penser que la perte totale des produits volatils, dans les fermentations en très-grandes masses, atteint près de un dixième du volume de l'alcool.

Mais l'excessif développement de chaleur est encore digne d'attention à un autre point de vue, qu'il ne faut pas négliger.

Le ferment, étant un être organisé, veut être traité avec ménagement. S'il meurt de vieillesse, il peut mourir de maladie. Sa santé sera évidemment le plus sûrement entretenue si on le place dans les conditions physiologiques normales de son existence ; la température est une de ces conditions, et la nature du milieu dans lequel il vit doit remplir toutes les autres. Or le milieu et la température varient à chaque instant.

En effet, dès que la première bulle d'acide carbonique s'est dégagée, le ferment ne se trouve plus seulement dans l'eau sucrée, mais dans un liquide sucré saturé d'acide carbonique, contenant déjà de l'alcool et les produits qui l'accompagnent dans l'acte de la fermentation, ainsi que ceux que le ferment peut avoir abandonnés par suite des mutations qui s'accomplissent dans ses tissus. Peu à peu le milieu se complique encore, soit par l'abondance des composés nouveaux·

déjà formés, soit par ceux qui naissent à la suite de cette complication. On s'éloigne donc de plus en plus des conditions initiales et normales, et le ferment, obligé de vivre dans ce mélange, peut et doit fonctionner autrement que dans le commencement de la réaction et déterminer des transformations qui probablement ne se seraient pas faites sans cela. Pour ma part, je suis assuré que la quantité de certains éléments augmente avec la durée de la fermentation, et cette durée est accrue précisément par la variation dans la composition du milieu.

Si nous appliquons les considérations qui précèdent à la vinification, il est évident qu'il en doit être à *fortiori* de même; car dès le commencement le milieu est plus complexe, et il y existe des matériaux qui peuvent prendre une part plus ou moins active au mouvement de la fermentation ; enfin il y a de plus à considérer l'influence de ce liquide variable sur la peau et sur la rafle du raisin. Tout cela est normal pour la vinification.

Mais ajoutez maintenant à tout cela le développement maximum inévitable de la chaleur lorsque la fermentation commence à une température trop élevée ; le premier effet sera une sorte de coction qu'éprouveront les pepins, les peaux et les rafles du raisin, coction plus ou moins semblable à celle qu'éprouvent les parties vertes des végétaux, les feuilles, par exemple, lorsque, étant entassées, elles s'échauffent et jaunissent ; de là une modification des tissus qui amènera

une modification des sucs qui s'y trouvent et qui
étaient destinés à être dissous par le vin formé. Le
second effet est l'augmentation du pouvoir dissolvant
du liquide fermenté. On sait, en effet, qu'en général
le pouvoir dissolvant d'un liquide s'accroît avec la température. Le vin dissoudra donc à 36 ou même 40
degrés bien des principes de la peau et des rafles qu'il
n'aurait pas dissous à un moindre degré, aux températures plus basses où la fermentation normale peut
encore avoir lieu. Tout cela doit faire entrer dans le
vin des substances qui n'y seraient pas entrées si la
fermentation s'était accomplie dans de meilleures conditions ; qui peuvent modifier le goût et la saveur du
vin ; qui modifient le milieu et qui, ne pouvant plus
être éliminées, tendent sans cesse à altérer le vin, et
peuvent devenir l'aliment des germes ou des ferments
qui le font tourner. Notons enfin que toutes ces causes
altèrent notablement la couleur des vins rouges. Je
suis convaincu que la couleur d'un vin est d'autant
plus riche et plus belle que la fermentation s'est faite
à plus basse température et a duré plus longtemps.

Ce que je viens de dire, Messieurs, n'est pas ima-
giné pour soutenir une opinion, cela est fondé sur
l'expérience. En Alsace, on fabrique deux sortes de
bières. Celle que l'on appelle *bière jeune* est destinée
à être rapidement consommée, car elle s'altère avec
une singulière facilité, elle tourne à l'aigre ; cette sorte
de bière est produite par une fermentation rapide du
moût et à une température plus élevée, en été.

L'autre est la *bière de mars*; elle est d'autant plus estimée que la fermentation a duré plus longtemps, et qu'elle a été faite à la plus basse température possible, pendant les mois de février et de mars. Cette bière emprunte sa valeur à ces deux circonstances.

Le ferment qui se développe dans les deux cas n'est pas identique au point de vue de sa manière d'agir : l'un se nomme *levure supérieure,* ou d'*en haut;* c'est celle qui s'élève sous forme d'écume à la surface et qui prend surtout naissance dans les fermentations qui se font à température plus élevée. L'autre est désigné par le nom de *levure inférieure,* ou d'*en bas;* c'est celle qui se ramasse et tombe au fond des tonneaux : elle naît dans les fermentations lentes et à basse température. La première excite des fermentations plus actives que la seconde. Tout cela est du domaine de l'expérience journalière chez les brasseurs.

La fermentation qui fournit la bière de mars et notamment la bière de Bavière dure de trois à quatre semaines; elle est faite sous de petits volumes et dans des conditions qui ne permettent pas à la température de s'élever au-dessus de 8 ou 10 degrés; ce qui explique l'importance qu'acquièrent les bonnes caves dans ces contrées. Cette bière se conserve facilement dans des futailles pleines ou incomplétement remplies, sans qu'elle s'altère, et, à quantités égales d'orge germée, elle contient plus d'alcool et est plus *capiteuse* que l'autre. Aussi est-elle susceptible d'être expédiée au loin.

Nous verrons, en effet, que la température à laquelle la fermentation s'opère a une influence très-marquée sur la quantité d'alcool que peut produire la même quantité de sucre dans le moût de raisin, et il est de notoriété que le jus de betterave ne fournit presque pas d'alcool lorsqu'on veut le faire fermenter à 30 ou 35 degrés.

Ces considérations sont évidemment applicables à la fabrication du vin, et quelque chose de semblable doit se passer dans la fermentation du moût.

Avant de reprendre la suite de notre sujet, remarquons encore, Messieurs, que la vie du ferment doit être plus régulière dans le moût de raisin et dans les liqueurs sucrées qui, comme lui, contiennent des substances albuminoïdes que dans l'eau sucrée, car il est évident que, si le milieu contient assez de ces matières plastiques pour nourrir le ferment, la fermentation doit être incomparablement plus active. Les expériences que voici démontrent cette proposition.

Dans celle-ci, le sucre a été dissous dans l'eau pure et on y a ajouté une quantité de ferment égale au tiers du poids du sucre. La fermentation est en train depuis huit jours, elle dure encore, le sucre n'est pas transformé, vous en êtes témoins.

Dans ce ballon, la même quantité de sucre, la même quantité de ferment que dans la précédente expérience, mais au lieu d'eau un égal volume de bouillon de

levûre [1], ont été mis en expérience hier. La fermentation a été terminée dix fois plus vite, car au bout
de vingt heures tout mouvement avait cessé, et vous
voyez qu'il n'y a plus de sucre.

La conclusion de ceci, c'est que la levûre que l'on
nourrit bien vit mieux, agit plus vite et peut-être plus
régulièrement. Ainsi, mieux se porte le ferment, et,
permettez-moi l'expression, plus il mange. Il est à
remarquer que l'odeur du produit fermenté est plus
agréable dans ce dernier cas que dans le premier, ce
que vous pouvez constater vous-mêmes. Mais il faut
ajouter aussi que c'est dans ces conditions surtout
qu'il importe de s'opposer de son mieux à la trop
grande élévation de température, résultat que l'on ne
peut atteindre qu'en plaçant les appareils dans des
lieux frais et qu'en opérant sur de petites masses.

Mais, si une quantité convenable de matière albuminoïde est incontestablement utile pour permettre
au ferment de vivre et de se développer à son aise,
un excès peut, nous l'avons déjà fait pressentir, être
un sérieux danger pour la conservation des vins.
Étudions donc ce cas particulier.

Si la proportion du sucre vient à diminuer par
rapport à l'eau, à la levûre et à la matière albuminoïde, il sera bientôt détruit, d'après ce que je

---

[1] Le bouillon de levûre avait été fait en portant à l'ébullition, dans le volume d'eau indiqué, un poids de levûre égal à
celui qui avait été employé dans la **fermentation**.

viens de vous montrer ; dès lors le milieu sera chargé :
il contiendra de la matière albuminoïde non méta-
morphosée, incapable de devenir insoluble en devenant ferment, puisque celui-ci ne peut se développer
qu'au sein d'une solution sucrée. Le ferment tombera
au fond, le liquide s'éclaircira sans doute, mais il
contiendra les matières albuminoïdes non transformées, qui deviendront dans l'avenir une source de
danger pour la conservation du vin, parce que l'on
aura à redouter la naissance de ferments nouveaux.
Les vins du Nord sont dans ce cas, parce que dans
leur moût les matières plastiques azotées dominent
proportionnellement sur le sucre; aussi tournent-ils
facilement à l'aigre. Pour corriger ce défaut, la théorie
indique qu'il faut ajouter du sucre pour permettre au
ferment de rendre insoluble cet excès de matière albuminoïde, en l'assimilant. Mais la pratique avait depuis
longtemps déjà devancé la théorie. Permettez-moi de
vous lire à ce sujet ce qu'en a écrit Macquer, dans son
Dictionnaire de chimie :

« On pourrait craindre peut-être que cette addition
de matière sucrée, étant étrangère au raisin, ne dé-
naturât le vin et ne lui donnât un autre caractère que
celui d'un bon vin de raisin ; mais je puis assurer que
cette crainte serait sans fondement : premièrement
parce que la matière sucrée est essentiellement la
même, de quelque végétal qu'elle vienne, celle des
raisins n'étant réellement point différente du sucre
même le plus pur ; secondement parce que ce qui ca-

ractérise le vin de raisin, ce n'est pas sa partie sucrée, qui lui est commune avec toutes les autres liqueurs fermentescibles, mais sa partie extractive et acide, qui, faisant toujours la base des vins corrigés et améliorés de la manière que je le propose, leur conservera immanquablement un caractère de vin de raisin, qu'on ne pourra jamais méconnaître.

» Je ne doute nullement que plusieurs personnes n'aient essayé avec succès, peut-être même déjà depuis longtemps, à faire d'excellent vin en corrigeant par ce moyen les défauts des raisins trop peu mûrs. Ainsi à cet égard je ne me donne point comme auteur d'une découverte ; mais c'est un objet qu'il est bon de faire connaître, et, pour ne parler que de ce dont je me suis assuré moi-même, je vais rapporter ici deux expériences que j'ai faites, et qui prouvent avec évidence tout ce que j'ai fait.

» Au mois d'octobre 1776, je me suis procuré assez de raisins blancs *pinot* et *mélier,* d'un jardin de Paris, pour faire vingt-cinq à trente pintes de vin. C'était du raisin de rebut ; je l'avais choisi exprès dans un si mauvais état de maturité qu'on ne pouvait espérer d'en faire un vin potable ; il y en avait près de la moitié dont une partie des grains et des grappes entières étaient si vertes qu'on n'en pouvait supporter l'aigreur. Sans autre précaution que celle de faire séparer tout ce qu'il y avait de pourri, j'ai fait écraser le reste avec les rafles et exprimer le jus à la main ; le moût qui en est sorti était très-trouble, d'une couleur verte, sale, d'une saveur aigre-douce, où l'acide dominait tellement, qu'il faisait faire la grimace à ceux qui en goûtaient. J'ai fait dissoudre dans ce moût assez de sucre brut pour lui donner la saveur d'un *vin doux*, assez bon ; et, sans chaudière, sans entonnoir, sans fourneau, je l'ai mis dans un tonneau, dans une salle au fond d'un jardin, où il a été abandonné. La fermentation s'y est établie dans la troisième journée et s'y est soutenue pendant huit jours d'une manière assez sensible, mais pourtant fort modérée. Elle s'est apaisée d'elle-même après ce temps.

» Le vin qui en a résulté, étant tout nouvellement fait et encore trouble, avait une odeur vineuse assez vive et assez piquante ; sa saveur avait quelque chose d'un peu revêche, attendu que celle du sucre avait disparu aussi complétement que s'il n'y en avait jamais eu. Je l'ai laissé passer l'hiver dans son tonneau, et, l'ayant examiné au mois de mars, j'ai trouvé que, sans avoir été soutiré ni collé, il était devenu clair ; sa saveur, quoique encore assez vive et assez piquante, était pourtant beaucoup plus agréable qu'immédiatement après la fermentation sensible ; elle avait quelque chose de plus doux et de plus moelleux, et n'était mêlée néanmoins de rien qui rapprochât du sucré ; j'ai fait mettre alors ce vin en bouteilles, et, l'ayant examiné au mois d'octobre 1777, j'ai trouvé qu'il était clair, fin, très-brillant, agréable au goût, généreux et chaud ; en un mot, tel qu'un bon vin blanc de pur raisin, qui n'a rien de liquoreux et provenant d'un bon vignoble dans une bonne année. Plusieurs connaisseurs auxquels j'en ai fait goûter en ont porté le même jugement et ne pouvaient croire qu'il provenait de raisins verts dont on eût corrigé le moût avec du sucre.

» Ce succès, qui avait passé mes espérances, m'a engagé à faire une nouvelle expérience du même genre, et encore plus décisive par l'extrême verdeur et la mauvaise qualité du raisin que j'y ai employé. »

Macquer se servit, dans cette seconde expérience, de « l'espèce de gros raisin qui ne mûrit jamais dans le climat de Paris et que nous ne connaissons que sous le nom de *verjus*, parce qu'on n'en fait guère d'autre usage que d'en exprimer le jus, avant qu'il soit tourné, pour l'employer à la cuisine en qualité d'assaisonnement acide » ; il fit dissoudre dans son jus de la cassonade commune et le laissa fermenter dans une cruche placée dans une salle « où la chaleur était presque toujours de 12 à 13 degrés, par le moyen d'un poêle. » L'expérience ayant commencé le 6 novembre de l'année 1777, voici ce que l'on observa le 17 mars 1778 :

« Ayant examiné ce vin, dit-il, je l'ai trouvé presque totalement éclairci ; son reste de saveur sucrée avait disparu, ainsi que son acidité ; c'était celle d'un vin pur de raisin assez fort, ne manquant point d'agrément, mais sans aucun parfum ni bouquet, parce que le raisin que nous nommons verjus n'a point du tout de principe odorant ni d'esprit recteur. A cela près, ce vin, qui est tout nouveau et qui a encore à gagner par la fermentation que je nomme insensible, promet de devenir généreux, moelleux et agréable.

» Je suis très-convaincu, non-seulement d'après mes propres observations, mais encore d'après celles de MM. *Baumé*, *Rouelle* et de quelques autres chimistes qui ont fait beaucoup d'expériences sur la fermentation spiritueuse, que, par des additions convenables de principe sucré, on peut faire avec le jus de raisins quelconques des vins excellents et comparables à ceux qu'on tire du moût des raisins le mieux conditionnés. »

Examinons maintenant le cas opposé, celui où il y a excès de sucre et où la quantité d'eau est insuffisante, par conséquent, pour une fermentation régulière.

La théorie et la pratique enseignent qu'il y a un rapport minimum entre le poids du sucre et de l'eau que l'on ne doit pas dépasser pour que la fermentation puisse s'achever. Ce rapport presque constant est celui que Lavoisier a signalé : 1 partie de sucre pour 4 parties d'eau. Dans ce pays, le moût des raisins d'*aramon*, de *terret-bourret*, renferme en moyenne de 180 à 200 gr. de sucre de raisin par litre, c'est-à-dire pour environ 850 centimètres cubes d'eau. On voit qu'ici la nature a fourni les proportions théoriques. Mais plusieurs autres espèces de raisin fournissent des moûts qui contiennent 240, 250 grammes et plus, de sucre de raisin par litre. Prenons 200 grammes pour la moyenne et 800 d'eau ; nous sommes alors dans les meilleures conditions et dans le rapport indiqué par Lavoisier.

L'expérience prouve que les moûts qui contiennent 200 grammes de sucre produisent des vins qui renferment 11', 11, 5 à 12 p. 100 d'alcool. Ces vins contiennent cependant, dans la pratique ordinaire, des quantités plus ou moins appréciables de sucre non transformé, que le réactif de Barreswill décèle facilement, comme nous le verrons.

Le problème à résoudre consiste à conduire la fermentation de telle sorte que les vins contiennent le moins de sucre possible, en même temps que toute la matière albuminoïde se transforme ou disparaisse dans les lies avec le ferment. On obtiendrait alors un vin aussi alcoolique que possible et sans chance de tourner.

Si la quantité de sucre est en trop grand excès, la fermentation peut s'arrêter par le fait de cet excès, quelle que soit la durée de cette fermentation. Ces vins contiennent alors quelquefois de la matière albuminoïde non transformée et sont sujets à s'altérer. On comprend facilement que le seul moyen de remédier à cet inconvénient, c'est d'ajouter dans la vendange assez d'eau pour ramener le mélange à ne contenir que 180 à 200 grammes de sucre par litre, et fournir un vin à 10, ou 12 p. 100 d'alcool. On peut prévoir que ces sortes de vins se conserveront, et l'on voit aussi que l'on tirera ainsi un parti avantageux de tout le sucre non fermenté.

Enfin on peut concevoir qu'il puisse rester dans le vin, même quand la fermentation paraît avoir très-bien marché, qu'elle est effectivement terminée, une certaine quantité de matière albuminoïde non altérée. Pour s'assurer du fait, on évapore très-doucement un peu de ce vin et on délaye l'extrait dans une dissolution de sucre; si la fermentation s'établit dans le mélange après qu'on l'a laissé quelque temps exposé au contact de l'air, ou qu'on y a semé quelques globules de ferment, on peut être assuré que toute la matière albuminoïde n'a pas disparu. Dans ce cas, la chimie suggère l'addition au vin d'une dissolution de sucre, ou mieux de moût de vin concentré par l'ébullition et délayé ensuite dans une quantité convenable d'eau.

Mais quand la fermentation est achevée de tous points, que tout le sucre et toute la matière albuminoïde sont complétement transformés, le vin renferme néanmoins un composé azoté; mais il ne faut pas s'y tromper, cette matière n'est plus une substance albuminoïde, elle ne me paraît avoir de commun avec celle-ci que sa nature azotée. En effet, elle n'est plus apte à produire la fermentation quand on l'expose au contact de l'air avec du sucre, et sa combustion ne répand plus l'odeur de corne brûlée. Cette substance n'est autre chose que le résultat de la transformation de la matière plastique de la levûre, corrélativement à la transformation du sucre; c'est un résultat des mutations de tissus qui s'accomplissent dans le ferment.

Nous voici ramenés à l'étude des produits de la fermentation prise dans son ensemble. Il convient de vous les signaler, de vous les montrer et même de vous faire voir comment on peut les isoler : cette étude nous sera utile pour l'analyse du vin.

Vous savez, Messieurs, que pour Lavoisier toute la théorie de la fermentation alcoolique se réduisait à cette équation :

Moût de raisin, c'est-à-dire sucre, égale acide carbonique, plus alcool.

Lavoisier, néanmoins, avait constaté que tout le sucre ne se transforme pas dans ces deux composés ; il avait noté la formation d'un autre produit, d'un résidu non volatil qu'il a désigné par ces mots, « *résidu sucré*», dans le tableau qu'il nous a laissé « des résultats obtenus par la fermentation. » Il est vrai qu'il a pris ce résidu sucré pour du sucre ; mais, en calculant d'après ses nombres ce que représente ce résidu en centièmes, c'est-à-dire pour 100 grammes de sucre, je trouve 6 ^{gr}, 379. Voilà ce qui n'a pas été remarqué ; or il se trouve précisément que dans les fermentations normales, où tout le sucre a été transformé, la somme du résidu abandonné par l'évaporation, et séché à 100 degrés et dans le vide, oscille entre 6 ^{gr}, et 6 ^{gr}, 5 pour 100 grammes de sucre. Plusieurs expériences m'ont fourni ce résultat moyen, qui peut cependant descendre quelquefois jusqu'à 5 grammes. Il n'est donc pas douteux que le résidu sucré de Lavoisier était constitué par le résidu nécessaire de la

5

fermentation du sucre, mais n'était pas du sucre. Par conséquent, un litre de vin qui ne contiendrait que les seuls produits de la fermentation de 200 grammes de sucre renfermerait nécessairement 10 à 12 grammes de résidu, en supposant que tout le sucre eût été transformé et qu'il n'y eût pas d'autres matières organiques fixes ou minérales dans le moût. Ce point est capital, comme nous verrons.

Il y a donc dans la fermentation alcoolique d'autres produits que l'alcool et l'acide carbonique, et Lavoisier l'avait vu, ce qui ne l'a pas empêché de considérer que cette belle opération naturelle se réduit essentiellement à la formation de ces deux termes dominants.

On peut diviser en trois catégories les produits formés dans une fermentation alcoolique régulière et complète.

Première catégorie

Produits gazeux ou volatils avant 100 degrés ou à la température de l'ébullition :

> Acide carbonique,
> Alcool,
> Acide acétique,
> Composés éthérés,
> Eau.

Seconde catégorie

Produits fixes ou volatils à une température élevée et solubles dans l'eau :

> Glycérine,
> Acide succinique,
> Matière extractive azotée,
> Matières minérales.

Troisième catégorie

Produits insolubles : restes du ferment.

Une partie de ces produits vient du sucre, l'autre du ferment. Tous les composés de la première catégorie, et qui représentent la plus grande quantité, car leur somme s'élève à près de 96 pour 100, et la glycérine avec l'acide succinique, viennent probablement intégralement du sucre; les matières minérales et les matières extractives ont le ferment pour origine. Il est probable que le phénomène initial se réduit à la transformation du sucre en alcool et acide carbonique, et que les autres produits sont le résultat de fermentations successives dans un milieu qui change à chaque instant en devenant plus complexe.

Nous avons déjà plusieurs fois constaté la formation de l'acide carbonique et donné ses caractères. Vous avez été convaincus, séance tenante, de la formation

des composés éthérés. Occupons-nous donc des procédés qui permettent d'isoler et de caractériser les
autres produits.

Quand tout le sucre a disparu, on sépare à l'aide
du filtre le liquide clarifié de la levûre qui s'est dé-
posée. On lave cette levûre avec de l'eau distillée, et
toutes ces liqueurs étant réunies on en fait plusieurs
parts. La plus grande quantité, les 2/3 par exemple,
est soumise à la distillation. Lorsque les 19/20 ont
distillé, on sature le produit acide qui a passé dans le
récipient par un léger excès de carbonate de soude.
Le liquide saturé, étant soumis à la distillation,
fournit de l'alcool que l'on peut considérer comme
n'étant plus mêlé que d'une quantité plus ou moins
grande d'eau. Ce qui reste dans la cornue contient
l'acétate de soude. Il suffit de concentrer cette dissolution pour obtenir un résidu qui, introduit dans
une cornue avec une quantité convenable d'acide sulfurique ou d'acide phosphorique étendus, fournit à
la distillation un liquide très-acide, composé en très-
grande partie d'acide acétique. La quantité d'acide
acétique formé peut atteindre, dans quelques fermentations, plus de 3/1000 du poids du sucre transformé. Indépendamment de cet acide, il paraît se
former encore d'autres acides volatils, probablement
l'acide butyrique, etc.

Ce qui reste dans la cornue, après la distillation de
l'alcool et des acides volatils, est formé par les produits de la seconde série. Il est possible de se servir

de ce résidu pour les isoler, mais il est préférable
d'évaporer doucement, sans atteindre 100 degrés, le
tiers réservé de la liqueur fermentée. L'évaporation
étant terminée, il ne reste plus qu'un résidu épais,
visqueux, de saveur douce et acide spéciale, que vous
voyez dans cette capsule. M. Pasteur traite cette matière par un mélange d'alcool et d'éther, afin de dissoudre la glycérine et l'acide succinique qu'il y a
découverts. Je préfère me servir d'alcool très-concen-
tré, marquant 96 degrés centésimaux. Comme vous
pouvez le voir, l'alcool sépare de ce produit un précipité volumineux, qui se réduit facilement, par une
addition suffisante d'alcool et par la trituration, en une
matière pulvérulente, tantôt presque blanche, tantôt
brune. Cette matière est recueillie sur un filtre, lavée
à l'alcool, séchée et pesée. La quantité que l'on en obtient varie avec celle de la levûre que l'on emploie,
pour un même poids de sucre. Cette matière est soluble dans l'eau; sa dissolution fournit un précipité
volumineux par l'extrait de saturne; lorsqu'on la réduit en cendres, en la brûlant dans une capsule, elle
laisse un résidu formé surtout de phosphate de magnésie. Enfin elle est azotée, car si elle est chauffée
avec la potasse caustique dans un tube, comme je le
fais ici, vous voyez que le papier de tournesol rouge
et humide que je place sur l'orifice du tube change
de couleur et devient bleu par l'action de l'ammoniaque qui se dégage: c'est ce dégagement d'ammoniaque
qui prouve que la matière est azotée. Il est fort pro-

bable que cette substance azotée est exclusivement fournie par le ferment, dont elle représente la partie albuminoïde transformée.

La dissolution alcoolique que l'on a séparée de ce précipité est soumise à la distillation pour recueillir l'alcool. Ce qui reste dans l'appareil distillatoire est étendu d'eau et saturé par la craie, ou carbonate de chaux pur; la dissolution, étant parfaitement neutralisée, est ensuite filtrée et soumise à une évaporation ménagée et enfin complétement desséchée dans le vide sec. Le traitement par la chaux a pour effet de transformer l'acide succinique en succinate de chaux. La glycérine ne se combine point avec le carbonate de chaux. Le résidu desséché de ce traitement est donc un mélange de glycérine et de succinate de chaux. Pour les séparer, on épuise, comme l'a indiqué M. Pasteur, par un mélange d'alcool et d'éther (1 partie d'alcool à 90 ou 92 et 1 1/2 partie d'éther rectifié) qui ne dissout que la glycérine. Le succinate de chaux reste à l'état cristallisé, souillé d'une petite quantité de matière extractive ou d'un sel de chaux à acide incristallisable, que l'on peut enlever en faisant digérer le sel calcaire dans l'alcool à 80 degrés. Le succinate de chaux reste intact, presque décoloré. Quant à la glycérine, il suffit de laisser évaporer l'alcool éthéré pour l'isoler. D'après M. Pasteur, 100 grammes de sucre fournissent près de 7 décigrammes d'acide succinique et un peu moins de 4 grammes de glycérine.

L'acide succinique, que l'on a d'abord découvert dans les produits de la distillation du succin (ambre jaune) et qui se produit dans quelques réactions curieuses, est l'une des causes de l'acidité du résultat de la fermentation du sucre. Nous verrons qu'il se retrouve aussi dans le vin, où M. Pasteur l'a également découvert.

La seconde cause de l'acidité du produit de la fermentation est l'acide acétique, qui se forme même quand l'opération est faite à l'abri de l'air. C'est à lui qu'est due l'acidité du résultat de la distillation de tous les vins, même lorsqu'ils n'ont pas eu le contact de l'air.

La glycérine, nous le savons déjà, est un principe doux que l'on trouve dans tous les corps gras, dans les huiles comme dans les graisses animales, dont elle constitue la base. Cette substance est très-soluble dans l'eau et dans l'alcool; elle est peu volatile, mais combustible. Tous les vins en contiennent, et ils lui doivent certainement une partie des propriétés qui en font une boisson alimentaire, puisque dans un litre de certains vins il y en a près de 8 grammes.

Tels sont, Messieurs, les termes divers que produit le sucre en fermentant. Nous les retrouverons dans le vin, dont la fabrication et l'étude, fondées sur les notions que nous avons acquises, feront l'objet des prochaines séances.

QUATRIÈME LEÇON

Pendant que nous nous sommes occupés de la fermentation alcoolique considérée en elle-même, nous avons plusieurs fois cherché à en appliquer les résultats à la fabrication du vin; mais, si cette fabrication est légitimement sous la dépendance de la fermentation alcoolique, en ce sens que le sucre de raisin se transforme dans le moût surtout en alcool et acide carbonique, le résultat final en est profondément distinct.

Le liquide que l'on obtient dans la fermentation régulière du sucre n'est pas du vin. Il possède néanmoins de la vinosité, c'est-à-dire quelque chose de chaud, de sapide, d'odorant et d'enivrant à la fois, que l'on aime à retrouver dans le vin, et qu'il doit à l'alcool, à la glycérine, à l'acide succinique, à l'acide acétique, aux éthers, et sans doute aussi aux autres produits que nous y avons retrouvés.

Le vin est un produit qui a pour origine la fermentation d'un jus sucré naturel, et, suivant le conseil de M. Dumas, nous réservons le nom de vin, pris dans l'acception la plus stricte du mot, « aux boissons ou liqueurs obtenues par la fermentation du moût ou suc des raisins. »

Le vin, tout court, sera donc le produit fabriqué variable que l'on obtient en faisant fermenter, plus ou moins complétement, le moût tout seul, préalablement exprimé du raisin, ou en présence des pellicules, des pepins et des rafles.

Pour comprendre la différence qu'il y a entre le produit de la fermentation d'une dissolution de sucre et celui du jus sucré du raisin, il faut se rappeler la composition de ce suc et celle des matériaux qui l'accompagnent. Nous avons déjà indiqué cette composition, avec quelque détail, dans la première leçon (voir page 5). Aux principes immédiats divers que nous y avons signalés, il convient d'ajouter :

Le tartrate de chaux,

Le phosphate de chaux et celui de magnésie, sels insolubles qui sont maintenus en dissolution par les acides libres que nous connaissons ;

Le sulfate et le chlorure de potassium et de sodium , sels solubles qui n'y existent qu'en petite quantité ;

Des corps gras et des substances de nature inconnue, qui sont caractérisées par ce quelque chose qui ajoute tant d'agrément à la saveur de certains raisins. Les raisins muscats sont , sous ce rapport , un terme de comparaison précieux.

Et ce n'est pas tout : le moût contient encore quelque chose de volatil. Si l'on distille le suc de raisin aussitôt qu'il a été exprimé , on trouve que le liquide condensé dans le récipient n'est pas simplement de l'eau , mais de l'eau tenant en dissolution une substance qui possède une réaction acide et quelque odeur. Mes expériences sur ce point ne sont pas encore assez avancées pour que je puisse préciser davantage, pour le moment, la nature de ce corps volatil.

Tout cela, avec les produits actuellement insolubles ou solubles de la pellicule et de la rafle , intervient dans la fermentation vineuse.

Etudions les plus importants de ces produits dans le raisin mûr ; nous verrons ensuite ce qu'ils deviennent dans la fermentation vineuse et quelle est leur part d'influence sur la marche de cette opération elle-même. Il est incontestable que certains principes immédiats, organiques ou minéraux, du raisin ou du moût, se retrouvent tels quels dans le vin fait, et que d'autres ont subi des métamorphoses ou des modifications profondes. Il est certain aussi que les matériaux qui ne se transforment pas ont une influence qui ne

s'exerce que par leur présence, en modifiant le milieu,
et en forçant le ferment d'agir autrement sur le sucre
que dans l'eau pure.

Voici du raisin blanc mûr. Essayons de vous montrer que son suc contient les principes immédiats les
plus essentiels dont j'ai fait l'énumération.

Dans un grain de raisin, ai-je dit, il y a du glucose,
c'est-à-dire du vrai sucre, du sucre de raisin. Ecra-
sons ce grain dans un peu d'eau et filtrons la liqueur.
Elle contient beaucoup de sucre, car, si j'en prends
une petite quantité et que je la chauffe avec le réactif
bleu de M. Barreswill, vous voyez que la réduction se
fait rapidement avant l'ébullition, c'est-à-dire que la
liqueur passe vite du bleu transparent au rouge, en
produisant un abondant précipité de même couleur.
La même liqueur fermenterait immédiatement avec la
levûre de bière.

Nous constatons que dans l'eau où j'ai délayé le
contenu du grain de raisin flottent des matières insolubles : elles sont formées par le gluten, cette matière
albuminoïde insoluble semblable à la fibrine de nos
muscles ; par le ligneux ou cellulose, facile à transformer en sucre, et peut-être par la pectine.

Quant à la portion soluble de cette liqueur qui traverse le filtre, elle contient, outre le sucre, les matières
albuminoïdes solubles et les sels. De plus, vous voyez
que cette même dissolution est très-acide, car elle
rougit, même étendue de beaucoup d'eau, très-vive-
ment la teinture ou le papier bleu de tournesol. Cette

acidité, je l'ai déjà dit, est due à la fois au principe volatil dont j'ai parlé plus haut, à la crème de tartre ou tartrate acide de potasse, à des acides organiques et à l'acide phosphorique libre, qui maintiennent en dissolution les sels insolubles, tartrates et phosphates de chaux, etc.

Il y a beaucoup de sucre dans les raisins du département de l'Hérault. Le moût filtré retiré de l'espèce de raisin appelée *aramon*, l'un des cépages qui, cultivés en plaine, en contiennent le moins, fournit cependant près du cinquième de son poids de sucre de raisin, puisque dans un litre il y en a souvent plus de 190 grammes; lorsqu'il est cultivé sur les coteaux bien exposés, il en contient davantage. D'autres variétés de raisin en sont encore plus chargées. Pour faire des vins capables de se conserver longtemps, il faut tendre à ce que, pendant l'acte de la fermentation, le sucre se transforme, autant que possible, parallèlement à la transformation des matériaux qui prennent part au même acte, les matières albuminoïdes surtout.

Pour nous rendre compte du commencement de ces phénomènes, toujours profondément remarquables et même, à certains égards, encore mystérieux (comme tout ce qui touche à la vie), qui s'accomplissent dans le moût depuis le moment où il est exprimé du raisin jusqu'à celui où le vin est formé dans ses parties essentielles, nous allons réduire ce moût à sa plus grande simplicité, pour examiner tour à tour le rôle de ses éléments.

I. Commençons par éliminer du moût toutes les parties insolubles et même les matières colorantes. Pour cela, nous en traitons un litre par 30 à 50 grammes de noir animal purifié, c'est-à-dire privé de matières minérales par un traitement à l'acide chlorhydrique et des lavages à l'eau distillée. Au bout d'une heure, jetons le tout sur un filtre. Les matières insolubles et celles que le noir animal retient en vertu de sa porosité, comme la matière colorante jaune, et même un peu d'albumine et la pectine, resteront sur le filtre. Vous voyez que le moût qui s'écoule est aussi incolore et aussi limpide que l'eau sucrée, mais il contient tout le sucre et tous les autres matériaux du moût primitif.

Il y a quarante-huit heures, une expérience semblable a été faite, et le liquide filtré a été livré à l'influence de l'air. Il est resté limpide pendant vingt-quatre heures; hier matin, il ne s'y était encore rien manifesté d'extraordinaire; mais depuis il s'est troublé peu à peu, et aujourd'hui le trouble a été manifeste. La première période a été, en quelque sorte, celle de l'incubation; les germes de l'air ont pénétré dans la liqueur. Pendant la seconde, leur présence s'est manifestée par le trouble que vous voyez; et maintenant, vous en êtes témoins, elle est complétement troublée : des flocons y nagent, la matière albuminoïde soluble se modifie, les germes se développent, le ferment est déjà organisé, le microscope permet de constater la formation d'une grande quantité de globules de levûre. Toutefois, comme le liquide a eu largement le contact de l'air, nous pouvons distinguer d'autres organismes au milieu de flocons de matière devenue insoluble et qui est destinée à se précipiter dans les lies. Vous pouvez remarquer que le mouvement de la fermentation n'est pas encore indiqué par un dégagement gazeux; cette phase du phénomène ne sera sensible que demain.

Les choses ne se passent pas tout à fait de même dans le moût qui a été simplement filtré, et, à plus forte raison, qui n'a pas été filtré du tout. Vous en jugerez par les deux expériences suivantes :

II. Ici nous avons du moût simplement filtré. Il est limpide, mais pas incolore; il est un peu jaune. Ce vase contient de ce moût qui a été mis en expérience en même temps que celui qui avait été décoloré. Il a été exposé à l'action de l'air dans les mêmes conditions. Le trouble s'y est produit plus rapidement, comme si, dans ce milieu plus complexe, la période d'incubation des germes avait moins duré; il n'y a pas de flocons dans le liquide, le trouble est plus uniforme, et déjà nous voyons un léger dépôt de levûre mieux organisé au fond du verre: c'est que le milieu, étant plus naturel et plus complexe, plus chargé de matières albuminoïdes, est plus favorable au développement des germes et à la nutrition du ferment.

Ainsi, quoique les deux sucs aient été pris dans la même masse et exposés au même instant à l'influence de l'air, les globules de levûre sont mieux formés dans celui-ci : ils sont moins transparents, à contours plus tranchés; mais aussi nous voyons que le mouvement de fermentation est établi, des bulles de gaz apparaissent et une écume commence à se former à la surface.

III. Dans cet autre appareil, nous avons introduit au même moment une partie du moût brut dont les deux autres avaient été filtrées ou décolorées. Vous voyez que non-seulement la levûre est formée, mais que la fermentation est en pleine activité; vous en jugez par le dégagement gazeux qui se fait dans la masse et par les bulles qui traversent cette colonne d'eau en sortant du tube abducteur.

Il y a donc progrès dans la réaction, en passant du moût décoloré à celui qui a été simplement filtré, et enfin au moût brut. L'action, lente dans le premier cas, moins lente dans le second, devient rapide, très-active dans le troisième; c'est qu'ici nous avons dans le milieu, outre les matériaux solubles que contenaient les deux autres, les substances albuminoïdes insolubles et tous les produits qui étaient attachés à la grappe, sans doute des germes de l'air qui y adhéraient.

Il est donc démontré, par ces expériences, que la matière albuminoïde est celle qui subit d'abord la métamorphose; le sucre ensuite prend part à la réaction, lorsque le ferment est déjà développé. Ces deux transformations consécutives sont les plus importantes de la vinification. Arrêtons-nous-y d'abord, et, avant de faire l'étude des autres principes immédiats du moût, comparons la fermentation du sucre dans ce milieu et dans ces conditions avec la fermentation alcoolique artificielle par la levûre de bière.

Dans la fermentation naturelle du jus de raisin, le sucre se dédouble en acide carbonique et en alcool, comme dans les fermentations artificielles; cela est incontestable. Mais, dans le moût, la même quantité de sucre produit-elle autant d'alcool et d'acide carbonique que, sous l'influence de la levûre de bière, dans une fermentation dans l'eau pure? En un mot, quelle est l'influence d'un milieu aussi complexe que le moût? La question est embarrassante, mais l'expérience consultée a fait voir qu'il n'y a pas identité.

Le 10 octobre 1862, on s'est procuré du moût du raisin *terret-bourret*, récolté dans une vigne située en plaine, et peu de temps après les grandes pluies.

Le moût a été introduit dans une grande bouteille cylindrique. Cette bouteille a été mise en communication avec deux grands tubes en U remplis de fragments de chlorure de calcium. Le contact de l'air a été empêché en terminant l'appareil par un tube qui plongeait dans une colonne d'eau. On avait marqué par un trait le niveau du liquide dans la bouteille qui contenait le moût. La température a été celle d'une salle non chauffée, attenante à mon laboratoire.

Voici les détails de l'expérience :

Le moût, décoloré ou simplement filtré, marque 12 degrés à l'aréomètre. La densité est de 1,076, c'est-à-dire qu'un litre pèse 1,076 grammes. Il contient 188 grammes de sucre sec de raisin par kilogramme.

Le poids du moût mis en expérience est de 6,330 grammes, et il contient 1,190 grammes de sucre.

A la fin de l'expérience, qui a eu lieu le 30 décembre dernier, c'est-à-dire après plus de deux mois et demi de fermentation, on a constaté qu'il n'y avait presque plus de sucre et que le volume du vin était sensiblement le même que celui du moût employé. Toutes les parties de l'appareil ayant été pesées aussi exactement que le comportent de si grandes masses, on a trouvé :

Avant : Moût mis en fermentation... 6,330 gramm.

Après : Moût fermenté, vin et lie... 5,880 —

Eau et alcool condensés dans les tubes.............. 4 —

Acide carbonique, par différence................. 446 —

6,330 gramm.

La quantité d'acide carbonique sec qui s'est dégagée est donc de 446 grammes. Mais, au moment où l'on a ouvert l'appareil, on peut supposer que le vin était saturé de ce gaz ; admettons donc, ce qui est certainement exagéré, que le vin dissolve autant de gaz carbonique que l'eau, c'est-à-dire son volume sous la pression atmosphérique, et que la densité du vin soit exactement celle de l'eau, ce qui est très-près de la vérité, d'après les expériences de M. Saintpierre, et nous voyons qu'il peut être resté dans le vin 5,880 centimètres cubes, près de six litres d'acide carbonique, c'est-à-dire environ 11 grammes et demi. Admettons cette approximation, et nous trouvons que la quantité totale d'acide carbonique formée est en nombre rond de 458 grammes. Or, en supposant que le sucre ne se transforme qu'en alcool et acide carbonique, ces 458 grammes ne représentent que 937 grammes de sucre, et nous en avons employé 1,190 grammes. Il y a donc une perte, qui est de 253 grammes. Mais nous savons que, pendant la fermentation, il se forme encore d'autres produits; c'est ainsi que 100 grammes de sucre fournissent, terme moyen, 6 grammes de résidu fixe, ce qui fait, pour la quantité qui a été employée dans notre expérience, environ 72 grammes. En défalquant ce nombre des 253 grammes, il reste donc 181 grammes de sucre, dont nous ne trouvons pas l'emploi, d'après la théorie de Lavoisier et l'expérience de M. Pasteur.

D'autre part, en déterminant le poids de l'alcool que contient ce vin, nous trouvons, toute correction faite, que sa richesse est, en volume, de 11 pour 100, savoir : sur les 5,880 centimètres cubes de vin, environ 514 grammes. Nous avons donc, en faisant la somme des composés formés :

Acide carbonique....... 458 grammes.
Alcool.................. 514 —
Matière extractive....... 72 —
                        _____
                        1,044 grammes.

et la perte sur le sucre se trouve réduite à 146 grammes, dont l'acide acétique et les composés éthérés,
avec la petite quantité de sucre que contenait le vin
au moment où l'on a mis fin à l'expérience, ne peuvent pas rendre compte. Il est donc certain que, dans
la fermentation du moût, les choses ne se passent
pas aussi simplement que dans la fermentation du
sucre dans l'eau pure. En effet, nous voyons que la
quantité d'alcool fournie par l'expérience est inférieure
à ce que pouvaient produire les 1,190 grammes de
sucre, lesquels en devaient former, dans l'hypothèse
de Lavoisier, une quantité égale à 608 grammes, et
d'après M. Pasteur, 577 grammes. Mais, en compa-
rant l'alcool obtenu à la quantité d'acide carbonique
formée, on trouve un excédant notable de celui-là.
Est-ce que, dans certaines conditions, le sucre pourrait
produire de l'alcool sans former d'acide carbonique?
Cette expérience semble le faire présumer. Pour ma
part, je n'en suis pas surpris; l'équation de Lavoisier
n'est vraie qu'à la limite, c'est-à-dire que dans les premiers moments de la réaction. Je l'ai déjà dit, peu à
peu le milieu se complique et fait quelque peu varier
la quantité des produits; or cette complication existe
dès le commencement dans la fermentation du moût.

Revenons, à ce propos, sur une expérience de
M. Pasteur : d'après ce savant, 100 grammes de sucre
sec de raisin fournissent (voir seconde Leçon, p. 46) :

Acide carbonique........ 46,67
Alcool................. 48,46

Or, d'après la théorie de Lavoisier, 44 grammes d'acide carbonique répondent, dans la fermentation alcoolique, à 46 grammes d'alcool, et, si à l'aide de ces nombres nous calculons la quantité d'alcool correspondant à 46,67 d'acide carbonique, nous trouvons par la proportion :

$$\frac{44}{46,67} = \frac{46}{x}$$

$$x = 48,79$$

c'est-à-dire presque le nombre théorique. On peut donc supposer que, dans la fermentation normale, le sucre fournit toujours l'acide carbonique et l'alcool, d'accord avec la théorie de Lavoisier, et que l'excédant de l'un ou de l'autre des termes de la fermentation vient d'une action secondaire résultant de ce que le mélange se complique. C'est ainsi que plus l'on s'éloigne des quantités théoriques, plus les résultats s'éloignent de la simplicité imaginée par Lavoisier. M. Pasteur ne s'est-il pas assuré que, si le sucre est en quantité trop faible par rapport à la levûre, celle-ci agit sur elle-même et dégage de l'acide carbonique[1]?

Ce qui paraît certain, et qui résulte des expériences

[1] Ayant placé de la levûre bien lavée dans de l'eau saturée d'acide carbonique, à l'abri de l'air, j'ai vu la fermentation s'établir, de l'acide carbonique se dégager et de l'alcool se former; mais il faut que l'expérience ne dure pas plus de trois à cinq jours, autrement la levûre commence à se putréfier.

de M. Pasteur, c'est que les proportions de glycérine et d'acide succinique dans le vin sont supérieures à celles que fournirait un litre de liquide vineux artificiel produit par 200 gr. de sucre. Cela ne s'explique qu'en admettant que, sous l'influence du mélange complexe qui constitue le moût, une certaine quantité de sucre ou des autres matériaux du même moût subit la métamorphose dans le sens de la formation d'une plus grande quantité de ces deux composés.

Il paraît donc certain que la quantité des produits normaux peut varier dans la fermentation alcoolique, et qu'elle varie d'autant plus que le mélange est plus complexe dès l'origine. Mais, si les composés qui proviennent du sucre varient, on comprend facilement que ceux qui résultent des mutations de tissus pendant la vie physiologique du ferment doivent pareillement varier.

Il y a enfin une autre cause qui, dans l'industrie, peut rendre compte de la perte sur l'acide carbonique : tout le sucre que le moût contenait peut n'avoir pas fermenté.

On appelle *vins secs* ceux dans lesquels tout le sucre, ou presque tout le sucre, a disparu, par opposition aux *vins liquoreux* et doux, dans lesquels ce corps n'a pas été entièrement décomposé. Les vins secs sont divisés en vins secs proprements dits et en vins moelleux. A quoi tient cette différence dans ces variétés de liquides qui comprennent depuis les vins de choix jusqu'aux vins les plus communs?

Les vins secs absolument seraient ceux qui ne contiendraient plus de sucre du tout; les vins moelleux seraient, toutes choses égales d'ailleurs, ceux qui en renfermeraient encore. Mais l'action du vin sur l'organe du goût reconnaît encore d'autres causes que la présence ou l'absence du sucre.

J'ai examiné des vins du commerce de toute provenance, des vins du Roussillon, de Bordeaux, de Bourgogne, d'Alsace, des vins blancs, des vins rouges, des vins vieux de plus de vingt ans et conservés en bouteille, et des vins de l'année. Je n'en ai trouvé aucun échantillon qui ne contînt du sucre décelable par le réactif de M. Barreswill. Il me semblait, dès lors, que le sucre était un élément nécessaire de la composition du vin, et je croyais qu'il était impossible de faire disparaître complétement le sucre dans la fermentation du moût de raisin, même très-prolongée, et même aussi lorsque le rapport entre le sucre et l'eau était normal. Le fait est que les vins d'aramon et de terret-bourret m'en avaient donné, bien que ces espèces de raisins fournissent rarement plus de 200 grammes de sucre par litre de moût. Je m'étais trompé. J'ai là des vins fermentés dans ce laboratoire, dans des conditions spéciales, et, à volonté, j'en ai obtenu qui étaient exempts de sucre ou qui en renfermaient. Tout dépend de la durée de la fermentation, de la température, qui ne doit pas dépasser 25 degrés, du rapport qui existe entre le sucre et l'eau, et enfin de la soustraction de l'air.

Voici quatre espèces de vins :

Un échantillon de vin de *terret-bourret ;*
Deux échantillons de vin d'*aramon ;*
Un échantillon de vin de *carignan ;*
Un échantillon de vin d'*alicante.*

Ces vins, comme vous le voyez, sont très-limpides, beaux, bons. Ils sont moelleux ou secs, selon qu'ils contiennent encore du sucre ou n'en renferment plus.

Nous décolorons une petite quantité de chacun de ces vins, en les traitant par du charbon animal pur, et nous filtrons.

Suivant la durée de la fermentation, avec le même raisin, à la même température, qui n'a pas dépassé 25 degrés et qui n'a atteint le plus souvent que 16 degrés, à l'abri de l'air, nous obtenons des vins qui contiennent encore du sucre ou qui n'en contiennent plus.

Vous voyez que le vin de *terret-bourret*, qui a cuvé pendant deux mois et demi, n'en contient plus une trace. Ces vins d'aramon en ont encore, mais d'autant moins que le cuvage a été plus prolongé ; ceux-ci, vous en pouvez juger, sont plus beaux, ont une plus belle couleur et ne sont pas moins agréables. Vous pouvez remarquer que la quantité de sucre est très-grande dans le vin de raisin de carignan, et plus grande encore dans celui de raisin d'alicante. Pour ces derniers, aucune durée du cuvage, si prolongé qu'il soit, ne peut transformer tout le sucre en alcool et les autres produits normaux du vin. C'est que ces raisins contiennent

trop de sucre; à partir d'un certain moment, le ferment ne peut plus fonctionner dans le milieu qui lui
est fait, il se précipite, il tombe en quelque sorte en
léthargie, et ne se réveillerait que si on l'introduisait
dans un milieu moins complexe. Ne l'oublions pas, le
ferment n'agit pas dans tous les milieux, et le vin trop
sucré est un de ces milieux.

Ainsi, les vins du commerce contiennent presque
toujours du sucre, en plus ou moins grande quantité,
selon que le moût était plus ou moins sucré, et nous
venons de voir que l'on ne parvient à transformer ce
sucre qu'à la condition de faire cuver longtemps et que
le rapport entre l'eau et le sucre ait été, *primiti-
vement,* celui que la théorie nous a signalé comme
étant maximum. Ce vin d'alicante trop chargé de sucre
ne peut plus fermenter, même si je lui ajoutais du
ferment. Il est même souvent impossible de faire fermenter le sucre dans les vins trop sucrés en y ajou-
tant, après coup, de l'eau et du ferment; il faut que
dès l'origine le rapport soit observé, comme s'il fallait
que le ferment s'habituât, si j'ose ainsi parler, au milieu qui se développe peu à peu sous son influence.

L'étude que nous venons de faire vous a convaincus
de la présence de la matière albuminoïde dans le moût,
puisque sans addition de cette substance nous avons
vu le ferment se développer et se multiplier. Cette
démonstration, quoique indirecte, n'en est pas moins
réelle, puisque le ferment alcoolique a sensiblement la
composition de l'albumine. Continuons maintenant à

vous montrer les autres substances qui font du moût autre chose que de l'eau sucrée.

Une bonne méthode pour faire l'analyse complète du moût de raisin n'est pas encore connue. Voici la marche que j'ai suivie, et dont les résultats seront publiés plus tard.

Vous voyez ici du moût décoloré qui a été concentré ; il est à l'état sirupeux et à peine coloré. Il est rempli de cristaux incolores qui sont la crème de tartre et d'autres sels. Il faut attendre quelques jours pour que cette cristallisation se fasse. En traitant ce sirop par l'alcool concentré (86 degrés centésimaux), les sels se séparent en même temps qu'un précipité floconneux, tandis que le sucre et d'autres substances restent en dissolution.

Le précipité contient à la fois la crème de tartre, le tartrate de chaux, le phosphate de chaux et quelques matières organiques qui existaient encore dans le moût décoloré. Nous le recueillons sur un filtre, nous le lavons à l'alcool pour enlever tout le sucre, et je vous y fais voir les derniers termes que je viens de nommer.

La liqueur alcoolique sucrée est soumise à la distillation, pour en retirer l'alcool. Le sirop qui reste est dissous dans l'eau. La dissolution est encore très-acide ; on y ajoute peu à peu un très-léger excès d'acétate de plomb basique (extrait de saturne) ; il se forme un précipité insoluble que l'on recueille sur un filtre, où il est lavé complétement par l'eau distillée. Les liqueurs sont réunies pour y doser le sucre.

Le précipité plombique est délayé dans l'eau et décomposé par l'hydrogène sulfuré; il se forme du sulfure de plomb noir, insoluble, et les acides qui étaient combinés avec l'oxyde de plomb se trouvent dans la dissolution. Le sulfure de plomb est séparé par le filtre et bien lavé. Toutes les liqueurs acides sont réunies et concentrées par une douce ébullition. Tout l'hydrogène sulfuré qui était encore dissous étant ainsi chassé, nous pouvons nous assurer, par l'évaporation complète d'une partie du liquide, qu'il y existe encore des acides organiques. Ces acides sont connus, mais je veux vous y montrer un acide qui n'avait pas encore été signalé comme existant à l'état de liberté dans le moût, je veux parler de l'acide phosphorique. Pour le déceler, je verse dans la liqueur une certaine quantité du réactif de M. Chancel (dissolution acide de nitrate de bismuth); il se fait d'abord un volumineux précipité blanc, qui, par l'ébullition, devient peu à peu lourd et cristallin; c'est du phosphate de bismuth, dû à l'acide phosphorique, qui, d'après le traitement préalable que j'ai fait subir au moût, y était évidemment à l'état de liberté. Cet acide, nous le retrouverons dans le vin; il est, avec le phosphate de chaux et celui de magnésie, l'un des termes qui font du vin une véritable boisson alimentaire.

Les liqueurs aqueuses d'où l'on a séparé le précipité plombique sont traitées à leur tour par l'hydrogène sulfuré, pour enlever l'excès de plomb que l'on a dû ajouter. Le sulfure de plomb étant séparé par le

filtre et lavé, toutes les liqueurs sont réunies et sou-
mises à l'évaporation pour chasser l'eau et l'acide
acétique qui provient de l'acétate de plomb que l'on
a employé dans le traitement précédent. Ce résidu
sirupeux ne contient plus guère que du sucre, comme
je le montre ici. Rien n'empêche de le sécher complétement et de connaître ainsi directement la quantité
qui en existe dans le moût. Si ce sirop est abandonné
à lui-même dans un endroit sec, il finit par se séparer
en deux parts : des cristaux et un liquide incristallisable que je vous ai montrés.

Lorsqu'au lieu de concentrer le moût décoloré, on
fait subir cette opération au moût simplement filtré, il
s'épaissit; mais, au lieu de se réduire en consistance
de sirop et de se conserver ainsi en se refroidissant, il
se prend en gelée. Cette particularité est due à la pectine et à l'acide pectique, ces substances qui existent
dans la gelée de groseilles. La crème de tartre s'en
sépare également à l'état cristallisé, mais il faut plus
de temps, l'état de gelée s'opposant à la réunion des
molécules cristallines.

Nous terminons cette leçon sur le moût du raisin
par l'énoncé de quelques résultats que j'ai obtenus
dans la détermination de la densité, de la quantité
d'extrait et de la quantité de sucre que renferment
quatre espèces importantes de raisins de notre département et surtout des environs de Montpellier [1].

[1] Pour déterminer l'extrait, c'est-à-dire le résidu solide que
contient le moût, on en prenait 5 centimètres cubes, auxquels

Raisin aramon

Cultivé en plaine. Récolté avant les pluies. Moût décoloré.
Degré aréométrique, 12.
Densité, 1,084.
Extrait séché à 100°, 197 grammes par litre.
Sucre séché à 100°, 187 grammes par litre.

Raisin aramon

Cultivé en plaine. Récolté après la pluie. Moût décoloré.
Degré aréométrique, 11,5.
Densité, 1,086.
Extrait séché à 100°, 194 grammes par litre.
Sucre séché à 100°, 186 grammes par litre.

Raisin terret—bourret

Cultivé en plaine. Récolté après la pluie. Moût décoloré.
Degré aréométrique, 12.
Densité, 1,086.
Extrait séché à 100°, 198 grammes par litre.
Sucre séché à 100°, 188 grammes par litre.

Raisin de carignan

Cultivé en plaine. Récolté par un beau temps. Moût décoloré.
Degré aréométrique, 13.
Extrait séché à 100°, 250 grammes par litre.
Sucre séché à 100°, 238 grammes par litre.

Raisin d'alicante (Mèze)

Récolté par un beau temps.

Degré aréométrique { Moût trouble, 14,5.
{ Moût décoloré, 15.

on ajoutait 5 grammes de verre pilé et calciné, qui était destiné à diviser le liquide afin de favoriser la dessication, laquelle était poussée jusqu'à ce qu'il n'y eût plus de perte. A la fin, on laissait séjourner dans le vide sec comme vérification. Le sucre était déterminé directement, en desséchant avec les mêmes précautions le sirop qui restait après le traitement du moût, comme il a été dit dans le texte.

Densité, 1,102 à 1,103.

Extrait séché à 100° { Moût trouble, 257 à 258 grammes.
par litre.......... { Moût décoloré, 256 grammes.

Sucre séché à 100°, 248 à 250 grammes par litre.

Les raisins aramons et le carignan avaient été récoltés le 16 et le 25 septembre; l'alicante, le 20 du même mois, et le terret-bourret, vers le 10 octobre. Cette indication est utile, on va en juger : j'ai examiné du suc de terret-bourret récolté le 31 août, paraissant physiologiquement mûr et bien sucré; il ne marquait que 9°,5 à l'aréomètre, et ne contenait que 120 grammes de sucre par litre.

Vous voyez par ce tableau, Messieurs, comment les degrés aréométriques n'expriment que d'une manière éloignée la richesse saccharine du moût, puisque, en passant de 12 à 15 degrés ou de 9 à 12, la différence sur la quantité de sucre est de plus de 60 grammes par litre. Il est donc nécessaire de déterminer pour chaque degré de l'aréomètre la quantité absolue de sucre que ses indications représentent. Ce travail est facile d'après la méthode d'analyse que j'ai donnée [1].

[1] J'ai déjà fait quelques déterminations du poids des cendres que laisse le moût de certains raisins. Il m'a paru que plus un moût est sucré, moins il contient, en valeur absolue, de matières minérales. Ainsi, tandis qu'un litre de moût d'alicante ne laisse que 1^{gr},7 à 2^{gr} de cendres, les moûts d'aramon et de carignan en laissent 5^{gr} à 5^{gr},3.

CINQUIÈME LEÇON

—

SOMMAIRE

Le vin. — Récapitulation. — Ce que deviennent les matériaux du moût. — Conditions pour qu'ils se transforment ou s'éliminent normalement. — Circonstance où il faut ajouter de l'eau dans le moût. — Quantité qu'il en faut ajouter. — Du développement de chaleur dans la fermentation du moût. — Influence de la température initiale du lieu et du milieu. — Influence de la masse. — Expériences de Poitevin et de dom Gentil, sur la fermentation du moût, qui confirment celles de l'auteur sur la fermentation du sucre. — Opinion de l'auteur corroborée par celle de Chaptal. — Influence de la température sur le volume de l'acide carbonique dégagé et sur la perte des composés volatils. — Autres circonstances qui influent sur la rapidité de la fermentation — Ce que l'on retrouve dans le vin : matériaux non transformés, et produits de transformation. — Méthode pour l'analyse immédiate des vins. — Composés volatils. — Matières fixes. — Importance de la somme des matières fixes dans le vin. — Expériences sur des vins d'espèces données de raisins. — Influence de certaines circonstances sur la qualité du vin. — De la culture. — Du développement de la couleur des vins. — Le cuvage prolongé, dans de bonnes conditions, n'est pas nuisible, mais utile.

La dernière séance a été consacrée à l'étude du moût et au développement de la fermentation qui s'y manifeste par suite du contact de l'air. Celle-ci sera consacrée au vin.

Le suc du raisin contient des matériaux qui se modifient et d'autres qui se décomposent dans la fermentation. La matière albuminoïde devient insoluble en devenant ferment, et c'est sous cette nouvelle forme qu'elle décompose le sucre et se trouve en même temps éliminée. Je suis convaincu que c'est vers cette élimination normale de l'albumine que doivent tendre, dans ce pays comme dans les autres, les persévérants efforts des œnologues. Vous ne serez donc pas surpris que j'insiste beaucoup sur ce sujet et sur les meilleures conditions à réaliser pour que la fermentation s'accomplisse normalement, pour que le ferment vive dans les meilleures conditions hygiéniques, s'il est permis d'employer cette expression quand il s'agit d'un être d'un ordre aussi élémentaire.

Les principes immédiats du moût qui ne se modifient ni ne se décomposent sont certaines matières organiques, les tartrates, et les sels minéraux, phosphates et autres ; mais ils ont une influence certaine sur la marche de la fermentation, ainsi que sur la nature et la quantité de ses produits.

Nous retrouverons dans le vin une partie des composés de transformation et des composés non transformés. Le reste se dégage dans l'air, comme l'acide carbonique, ou se précipite dans les lies, comme le ferment, la crème de tartre, le tartrate de chaux et les matières qui étaient seulement en suspension.

Vous avez, en quelque sorte, assisté aux débuts d'une fermentation et vous en avez suivi les phases. Le moût décoloré fermente très-lentement, le moût filtré plus rapidement, et le moût brut très-vite. Celui-ci était déjà en pleine activité dans la dernière séance. La fermentation est terminée aujourd'hui, le liquide est éclairci, les lies sont formées. Nous verrons qu'il n'y existe presque plus de sucre.

Le premier phénomène que nous avons observé a donc été la formation du ferment; le second, son action sur le sucre. Les germes sont librement apportés par l'air dans le moût; après la période d'incubation, ils se développent, se nourrissent de la matière albuminoïde et se l'assimilent en la rendant insoluble; ils vivent, et le sucre se transforme corrélativement dans les produits que nous connaissons et que nous retrouverons dans le vin.

En nous occupant de la transformation du sucre dans la fermentation du moût, je vous ai dit que, si la température est suffisamment basse, la durée de la fermentation peut être très-grande sans nuire à la qualité du vin, ni au rendement, ni à sa richesse alcoolique, qui est supérieure à celle des vins de la grande industrie. Dans les mêmes circonstances, il peut arriver que tout le sucre se détruise. Je vous ai montré des vins blancs et rouges très-alcooliques, pour l'espèce de raisin employée, où tout le sucre avait disparu, entraînant toute la matière albuminoïde, sur quoi il faut insister.

Il est évident, d'après la théorie que j'ai développée, que, si tout le sucre et toute la matière albuminoïde disparaissaient dans la fermentation, il n'y aurait plus de raison de voir une nouvelle fermentation s'établir, et, par suite, que la conservation des vins, l'un des éléments du problème de l'œnologie générale, serait

7

aussi facile que possible : les ferments qui font tourner le vin, ne trouvant pas d'aliment, ne pourraient pas se développer. Je l'ai déjà fait pressentir, en se fondant sur les faits d'expérience, on peut rationnellement se proposer de corriger ces deux inconvénients, et, suivant le cas, ajouter du sucre au moût s'il en contient trop peu, afin d'user toute la matière albuminoïde ; ou bien, si le sucre est en trop grande quantité, ajouter de l'eau pour user à la fois tout le sucre et toute la matière albuminoïde. Voilà, selon moi, tout l'art de fabriquer des vins capables de conservation : faire en sorte que, dans la fermentation, tout le sucre et toute la matière albuminoïde se transforment, l'un pour donner la plus grande somme d'alcool, l'autre pour s'éliminer complétement en devenant insoluble dans le ferment, car, je vous le montrerai, contrairement à ce qui est admis, dans un vin parfait il n'y a pas de matière albuminoïde proprement dite, il y a seulement de la matière organique azotée.

Notez ceci, qui est d'une vérité absolue : si le moût contient beaucoup plus d'un cinquième de son poids de sucre, tout le sucre ne se transforme pas, même par une très-longue action du ferment ; celui-ci, à partir d'un certain moment, non-seulement ne se développe plus, ne se multiplie plus, mais il cesse d'agir, le vin s'éclaircit avant que tout le sucre soit transformé. Le ferment ne peut plus vivre physiologiquement, à la fois parce que le milieu est trop sucré et trop chargé des matériaux développés par la fermentation du sucre qui a disparu, ainsi que par ceux qui préexistaient dans le moût. Ne sait-on pas que, lorsque l'on veut coller des vins dans lesquels il y a encore un dégagement gazeux, on projette une poignée de sel dans les tonneaux pour arrêter la fermentation? Que fait-on dans ce cas, sinon compliquer davantage le milieu? Car le sel, par lui-même, ne s'oppose pas à la fermentation.

La chose est forcée, il faut ajouter de l'eau au moût trop sucré, pour l'amener à ne contenir que les 190 à 200 grammes de sucre de raisin qui se peuvent transformer. (Il s'agit ici, bien entendu, de la fabrication des vins secs; car, pour les vins liquoreux, l'énorme quantité de sucre qu'ils contiennent est par elle-même un élément de conservation.) Et ne croyez pas que, par là, le vin sera moins riche en matériaux normaux; non, car une partie de ceux qui se précipitent à cause de la trop grande concentration de la liqueur resteront dissous et rétabliront l'harmonie, de telle sorte que le vin sera forcément constitué en équilibre dans toutes ses parties. Cette conséquence, que la théorie et mes expériences sur la fermentation du moût m'avaient suggérée, avait déjà été déduite empiriquement de l'observation. Voici, en effet, comment un viticulteur distingué, M. Cazalis-Allut, s'exprimait à ce sujet dans un mémoire extrait du *Bulletin de la Société d'agriculture de l'Hérault* (1849), en se fondant sur des expériences personnelles que je ne connais que d'aujourd'hui et qui sont d'accord avec ce que je vous disais dès la seconde leçon. Après avoir fait remarquer que, si l'on vendange après la pluie et avant que les raisins soient secs, alors même qu'ils sont chargés de plus de 5 pour 100 d'eau, le vin que l'on fait dans ces conditions est également bon et se conserve aussi bien, l'auteur continue :

« Voici un exemple qui démontre qu'une quantité d'eau, même de 55 pour 100, ne nuit pas à la conservation du vin : du moût à 15 degrés de l'aréomètre de Baumé, ramené à 10 degrés par l'addition d'une partie d'eau sur deux de moût, a produit une excellente piquette, qui est encore parfaitement conservée, quoiqu'elle date de 1838. C'est pour me conformer à l'usage que je donne le nom de *piquette* à cette préparation, qui devrait résoudre la question qui nous occupe ; mais je peux affirmer que beaucoup de vins blancs naturels ne sont pas meilleurs. Cette piquette se conserve si bien, qu'elle peut rester longtemps en contact avec l'air, dans des bouteilles et des tonneaux débouchés, sans éprouver la moindre altération. »

Je ferai seulement remarquer qu'il ne suffit pas de ramener le moût à marquer 10 degrés lorsqu'il marque 15 ; cela changerait trop les rapports normaux, car les indications de l'aréomètre ne sont pas proportionnelles aux variations de composition du moût. Mais il faut déterminer la quantité de glucose, et, en général, le poids de résidu solide que contient un moût, et le ramener par le calcul à contenir 190 grammes de glucose ou 200 grammes de résidu solide par litre. En partant de ces données, il aurait fallu, comme nous le verrons, ajouter seulement le quart de son volume d'eau au moût marquant 15 degrés, pour l'amener à la richesse saccharine de l'aramon ou du terret. Le mustimètre ou l'aréomètre de Baumé, à l'aide des tables construites *ad hoc*, peut à cet égard fournir des renseignements suffisants pour la pratique, en indiquant la quantité de matières solides contenue dans le moût.

Abordons maintenant, Messieurs, l'étude du développement de la chaleur pendant la fermentation du moût. Vous vous rappelez que, dans une fermentation artificielle faite sur environ 40 litres, nous avons vu le thermomètre s'élever de plus de 10 degrés au-dessus de la température ambiante.

Il y a donc un développement de chaleur nécessaire pendant la fermentation. Ce développement, insensible et difficile à constater dans les petites fermentations, est évident et considérable dans les masses un peu grandes. L'élévation de la température, je le crois, est d'autant plus considérable que la température initiale est elle-même plus élevée et que la masse en fermentation est plus grande.

Tous ceux qui se sont occupés avec intelligence de l'art de faire le vin ont constaté que pendant la fermentation du moût il se dégage de la chaleur; mais il me semble que l'on n'a pas accordé à ce phénomène toute l'attention qu'il mérite. Moi-même je n'y ai fait

attention que lorsque je me suis occupé expérimen
talement de cette question. Permettez-moi donc d'y
insister à mon point de vue.

J'ai trouvé depuis, dans le *Traité théorique et pra-*
tique sur la culture de la vigne, avec l'art de faire le
vin, etc., de Chaptal, l'abbé Rozier, Parmentier et
Dussieux, des renseignements sur lesquels j'appelle
votre attention. Ce sont les résultats d'expériences
« faites avec soin », dit Chaptal, en Languedoc par
Poitevin, et en Bourgogne par dom Gentil.

Les premières ont été faites en 1772, aux environs
de Montpellier. Deux cuves ont servi à ces opérations :
l'une contenait environ six mille litres, la seconde
vingt mille.

La cuve de six mille litres fut remplie avec des raisins provenant de vignes de différents âges, la plupart
situées sur des coteaux exposés au midi. Les raisins
qui ont servi à remplir la seconde étaient fournis par
des vignes situées en plaine.

« Les cuves étaient bâties en pierre de taille, et
leur enduit formé de chaux et de pouzzolane; elles
étaient exposées au midi; le cellier était ouvert en plusieurs endroits et bien aéré. Les raisins ont été égrappés
avec beaucoup de soins. »

L'été avait été très-chaud et très-sec, ce qui avait
avancé la maturité du raisin.

Voici le résumé des tableaux de Poitevin :

La température moyenne du mois d'octobre 1772 était d'environ 14 degrés à Montpellier, comme celle de 1862.

A. *Cuve de six mille litres.*

On a cessé de porter le raisin dans la cuve le 6 octobre. L'effervescence était déjà commencée ce jour-là. L'observation n'a pu être commencée que le 11 au matin.

Température moyenne du cellier, 13°,5; maximum, 14.

Température maximum de la cuve, 26°,7. Le 12 octobre, la température était encore de 25 degrés, et le 15 octobre, de 22 degrés.

B. *Cuve de vingt mille litres.*

L'expérience a été commencée le 15 octobre.

Température moyenne du cellier, 13°,5. Température minimum, 12°; maximum, 15°, un seul jour.

Température maximum de la cuve, 28°,8; le 17, elle était encore de 28 degrés, et le 26, de 25 degrés.

La température initiale étant la même, le dégagement de chaleur augmente quand la masse augmente.

Mais les expériences de dom Gentil sont encore plus concluantes. Elles ont été faites en octobre 1779. N'oublions pas que c'était en Bourgogne.

I. *Cuve de trois muids*, remplie du moût tiré d'une cuve dont les raisins noirs et blancs avaient été écrasés.

Température moyenne du lieu, 12°,6.

Température de la liqueur, le 2 octobre, 13°,7; maximum, le 3 octobre, 16°,2.

II. *Onze muids* de moût provenant d'environ deux tiers de raisins noirs et un tiers de raisins blancs, très-égrappés et foulés avant d'être mis dans la cuve, de manière qu'au moins les deux tiers étaient écrasés. Commencé le 2 octobre.

Température moyenne du lieu, 12°. Elle est montée une fois à 13°,7 et est descendue une fois à 7°,5.

La température de la liqueur était, le 2 octobre, de 12°,5. Dans l'espace de douze heures, elle s'est élevée à 20°. La température maximum a été atteinte le 4 au soir; elle était de 27°,5. Elle s'est maintenue tout le jour suivant; elle a baissé peu à peu, et le 8 octobre elle était encore de 21 degrés. D. Gentil fait observer que les bords de la cuve étaient plus frais que le centre, et que, si l'on eût foulé, l'opération eût été plus prompte et plus exacte.

III. *Cuve de trois muids.* Raisins égrappés mûrs, trois quarts noirs et le reste blancs ; les deux tiers foulés et écrasés. La vendange sortant de la vigne, faite en temps couvert. Commencée le 9 octobre.

Température du lieu, 14 degrés le jour de la mise en cuve ; elle a été en moyenne de 12 degrés le reste du temps, jusqu'au 16 octobre.

Température du moût le 9 octobre, $12°,5$; inférieure à celle du lieu. Température maximum, 20 degrés, le 13 octobre. Le 16, la température de la cuve et celle du lieu sont en équilibre.

IV. *Un muid* rempli aux trois quarts de grains de raisins entiers, avec leurs grappes ; un quart a été égrappé ; moitié de cette vendange sortait de la vigne et l'autre de la cuve, où elle était restée trente-six heures sans avoir éprouvé de fermentation sensible.

Température du lieu, maximum du 9 au 15 octobre, 14 degrés.

Température maximum de la liqueur le 13 octobre, $20°,5$; le 13, elle est de 20 degrés, et le 15, à $15°,5$.

On fait observer que ce vin était très-dur, très-acide, plat.

V. *Un muid* rempli de moût, tiré d'une cuve dont la vendange n'avait pas été foulée exprès, et qui n'avait pas éprouvé la plus légère fermentation. Ce moût, sorti naturellement du raisin, provenait de deux tiers noirs, bien mûrs, et un tiers blancs, mûrs. C'était donc la première goutte du raisin, ou *mère goutte*. Commencé le 9 octobre ; terminé le 23.

Température moyenne du lieu, environ $12°,5$; plus basse, 9 degrés ; plus élevée, 16.

Température maximum de la liqueur, 15 degrés.

On remarque, dans cette expérience, que, dans les premiers jours, la température du moût est restée sensiblement la même que celle du lieu; la température la plus élevée s'est trouvée à la fin, lorsque celle du cellier s'était elle-même élevée à 15 degrés et avait fini par atteindre 16 degrés.

VI. *Un muid* de raisins blancs, nommés *albanes* et *fromenteaux*, espèces dont le vin est considéré dans le pays. Les raisins étaient très-mûrs et cueillis par un temps sec et chaud. Les trois quarts et demi furent égrappés et moitié de la totalité fut écrasée. L'expérience a été faite à Morveaux.

La température du lieu était de 15 à 17 degrés, du 24 au 26 octobre. Jusqu'au 26, pas de fermentation. Le 26, la température du lieu ayant été élevée artificiellement à 18 degrés, la fermentation commence lorsque celle du moût atteint 17°,5. — Température maximum du liquide en fermentation, 26 degrés, le 27 octobre; celle du lieu était de 18 à 19 degrés.

Voilà donc retrouvé, dans la fermentation du moût de raisin, le fait que je vous ai signalé dans la seconde leçon, l'élévation de la température pendant la vie physiologique du ferment. Je vous disais que, dans mon opinion, il y a un rapport entre la température initiale du mélange fermentant et la température maximum qui se développe, entre la masse de ce mélange et ce même maximum.

L'influence de la température initiale se remarque dans les expériences IV et VI de dom Gentil.

L'influence de la masse se remarque dans les expériences A et B de Poitevin et II de dom Gentil.

Dans les expériences de dom Gentil, on voit aussi la part que prennent dans la vivacité de la fermentation, toutes choses égales d'ailleurs, les circonstances que le raisin est entier, égrappé, ou même que l'on fait fermenter le moût mère goutte.

Si la masse est très-grande, comme dans B et H, la température de la liqueur peut être plus du double de la température initiale; dans les masses moindres, la température initiale étant la même, l'élévation de celle du moût au-dessus de celle-là est au plus de la moitié. Ainsi, la température initiale étant de 15°,5 dans les grandes masses, l'excès de température de la liqueur au-dessus de celle-là peut atteindre 15°,5. Dans une masse moindre, la température initiale étant la même, l'excès de température peut être seulement de 7 degrés, et même seulement de 4, comme on peut s'en assurer par les tableaux précédents. Par conséquent, sous notre climat, lorsque la vendange est faite pendant un mois dont la température moyenne est de 24 degrés, le dégagement de chaleur dans les cuves de vingt mille litres, ou trente muids, atteint 24+15, c'est-à-dire 39 degrés au moins. Je n'exagère donc pas en supposant que, dans les cuves de soixante muids, la chaleur dégagée fait élever le thermomètre à 45 degrés centigrades.

En relisant l'*Essai sur le vin* de Chaptal, je constate avec un vif plaisir que cette remarque n'avait pas échappé à l'illustre professeur. Je transcris ici les pensées judicieuses que ce sujet a suggérées à un si grand observateur :

« On regarde assez généralement le dixième degré du ther-
» momètre de Réaumur (12°,5 centigrades) comme celui qui

» indique la température la plus favorable à la fermentation
» spiritueuse; elle languit au-dessous de ce degré, et elle de-
» vient trop tumultueuse au-dessus.....

» En général, la fermentation est d'autant plus rapide, plus
» prompte, plus tumultueuse, plus complète, que la masse est
» plus considérable. J'ai vu du moût, déposé dans un tonneau,
» ne terminer sa fermentation que le onzième jour, tandis
» qu'une cuve qui était remplie du même, et en contenait
» douze fois ce volume, avait fini le quatrième jour; *la cha-*
» *leur ne s'éleva dans le tonneau qu'à 17 degrés; elle parvint*
» *au 25° dans la cuve.*

» C'est un principe incontestable, que l'activité de la fermen-
» tation est proportionnée à la masse; mais il ne faut pas en
» conclure qu'il soit constamment avantageux de faire fer-
» menter un grand volume, ni que le vin provenant de la fer-
» mentation établie dans de plus grandes cuves ait des qualités
» supérieures; il est un terme à tout, et des extrêmes égale-
» ment dangereux qu'il faut éviter. *Pour avoir une fermen-*
» *tation complète, il faut craindre de l'obtenir trop précipitée.*
» Il est impossible de déterminer quel est le volume le plus
» favorable à la fermentation : il paraît même qu'il doit varier
» selon la nature du vin et le but qu'on se propose. *S'il est*
» *question de conserver l'arome, elle doit s'opérer en plus petite*
» *masse......* J'ai vu monter le thermomètre à 27 degrés
» (34 degrés centigrades) dans une cuve qui contenait trente
» muids de vendange..... *Il y a déperdition d'une portion*
» *d'alkool par la chaleur et le mouvement rapide que produit*
» *la fermentation.* »

Ainsi l'influence de la température est appréciée ici
comme je l'ai fait dans la seconde leçon. Je le répète,
dans ma conviction, on n'attache pas une assez grande
importance à cet élément du problème. Il faut se tenir
dans des limites raisonnables, et , s'il ne convient pas

de faire fermenter en trop petites masses, parce que la température peut ne pas s'élever assez (eu égard au climat et à l'époque de la vendange), et, par suite, certains principes ne pas se développer dans le vin, il ne convient pas non plus d'opérer sur de trop grandes, car la chaleur dégagée peut développer une température excessive, causer la perte de quantités considérables d'alcool et de produits odorants, déterminer aussi, comme je l'ai dit ailleurs, la formation de produits étrangers ou l'extraction anormale de quelques-uns des éléments des rafles et des pellicules. Mais voici une autre face de la même question.

J'ai déjà eu l'honneur de vous dire que, si le sucre ne se transformait qu'en acide carbonique et en alcool, la moitié environ se dégagerait à l'état d'acide carbonique, puisque 180 gram. de sucre de raisin fondu produisent, d'après la théorie de Lavoisier, 88 grammes de ce gaz et 92 grammes d'alcool. Or 88 grammes d'acide carbonique, à la température de zéro et sous la pression atmosphérique normale, représentent 44 lit. 76 de ce gaz; par là, vous voyez facilement que, 1,800 kilogr. de sucre produisant 880 kilogr. du même gaz, cela fait 447,600 litres à zéro; or à 30 degrés seulement, sous la même pression, ce volume devient 496,836 litres, c'est-à-dire qu'il augmente de 49,236 litres. Voilà, sous un autre point de vue, quelle énorme influence la température exerce encore, puisqu'elle augmente de près d'un dixième le volume du gaz qui serait supposé à zéro. Mais, nous

le savons maintenant, le sucre, dans la fermentation
du moût, est loin de fournir cette masse de gaz, et,
si nous calculons, à l'aide des nombres donnés par
l'expérience, le volume d'acide carbonique fourni,
nous trouvons que les 458 grammes qui proviennent
de 1,190 grammes de sucre de raisin mesurent 233 litres à zéro et sous la pression barométrique normale.
1,500 kilog. de sucre, dans onze muids de moût de
terret-bourret, produisent donc 293,700 litres d'acide
carbonique à zéro, et ce volume, à 36 degrés, température ordinaire des cuves un peu grandes, s'élève
à *trois cent trente-deux-mille quatre cent soixante-
huit* litres. Vous voyez que la correction en vaut la
peine et qu'elle mérite encore, bien que la température initiale soit de 15 degrés, que l'on tienne compte
des trop grandes élévations de température, puisque,
le volume du gaz devenant plus grand, les pertes qu'il
occasionne deviennent également plus grandes.

Encore une fois, l'acide carbonique entraîne forcément de l'alcool en se dégageant. Nous l'avons constaté, la perte est notable. Si la température est peu
élevée, si elle ne dépasse pas 25 à 30 degrés, cet alcool restera en plus grande partie dans le vin, avec
les autres principes odorants ; mais il s'en perdra d'autant plus que la chaleur dégagée sera plus intense.

Or, Messieurs, voici ce qu'il faut encore considérer
relativement au trop grand développement de chaleur :
c'est que la rapidité de la fermentation croît, jusqu'à
une certaine limite, avec la température ; la presque

totalité de cet immense volume d'acide carbonique va donc se dégager dans l'intervalle d'un petit nombre de jours, et, si vous faites attention qu'un gaz entraîne toujours plus ou moins des composés volatils au sein desquels il se produit, même aux basses températures, que sera-ce si la température s'élève en même temps ? La tension de la vapeur des composés volatils augmentera très-rapidement, en même temps que le gaz se dilatera davantage, et les pertes augmenteront nécessairement.

Mais je crains d'avoir trop insisté sur ce phénomène important de la fermentation du moût; je reviens donc à l'étude des produits qui se développent pendant qu'elle s'accomplit. Supposons que l'on se soit placé dans les conditions les plus normales de la vie du ferment, et voyons ce que deviennent les divers autres matériaux du moût.

Vous voyez que dans ces verres, où se trouvent le moût décoloré et le moût filtré, le trouble a augmenté et que la fermentation y est en train, quoique très-lente. Dans le troisième appareil (moût brut non filtré), la fermentation est presque terminée, le dégagement d'acide carbonique a presque cessé, le liquide est éclairci et ne contient plus que des traces de sucre. A quoi est due ici cette plus grande rapidité? Sans doute à ce que le ferment a pu se développer plus rapidement et plus à l'aise, qu'il a été mieux nourri, grâce aux matières albuminoïdes qui y étaient restées et que le filtre avait enlevées dans les deux premières

expériences ; grâce aussi peut-être aux matières insolubles qui flottaient dans le liquide et qui ont favorisé
le dégagement de l'acide carbonique. Car c'est un fait,
que les gaz se dégagent plus volontiers des aspérités,
des corps pointus qui flottent ou qui se trouvent dans
les milieux où ils se produisent. Cette influence toute
mécanique a pour effet l'élimination plus prompte de
l'un des éléments de la fermentation, ce qui simplifie
d'autant le milieu résultant. Il ne faut pas croire cependant que les matières en suspension soient indi-
pensables, car j'ai fait fermenter du moût décoloré au
charbon animal et filtré, qui n'avait reçu de corps
étrangers que les poussières apportées avec les germes
de l'air. Toutefois ces fermentations sont toujours plus
lentes.

Nous savons déjà ce que devient le sucre dans cette
action. Nous savons aussi que les matières albuminoïdes du moût, devenant insolubles en s'organisant
dans le ferment, tombent au fond lorsque la fermentation touche à sa fin, que la liqueur s'éclaircit alors,
et que les lies se forment par les matières solides qui
étaient en suspension et par le ferment. Mais ce
n'est pas tout : à mesure que le milieu se complique,
que la quantité d'alcool augmente, la crème de tartre
ne peut plus être maintenue tout entière en dissolution ; elle commence déjà à se déposer dans ces premières lies, et plus tard, sous la forme de croûtes, sur
les parois des tonneaux, en même temps que du tartrate
de chaux et peut-être du phosphate de la même base.

Le vin retient une notable partie de la crème de tartre. Mais, en même temps que la fermentation marche, l'acidité augmente par l'acide acétique et par l'acide succinique. Le vin devient donc, grâce aux acides libres dont la quantité va croissant, le dissolvant du tartrate de chaux et du phosphate de chaux, que l'on retrouve également dans le vin, avec l'acide phosphorique libre qui préexistait dans le moût. On y trouve également la magnésie à l'état de phosphate, dans un composé organique que je n'ai pas encore suffisamment déterminé, mais qui a beaucoup de rapports avec celui qui se forme dans la fermentation artificielle. Enfin tous les sels solubles du moût, sulfates, chlorures, se retrouvent également dans le vin.

Et pendant que toutes ces transformations ont lieu, le liquide fermenté, agissant comme dissolvant spécial, enlève plusieurs principes aux pellicules et aux rafles; aux rafles et aux pellicules, du tannin et d'autres substances solubles; aux pellicules, la couleur. Les pepins aussi fournissent leur contingent, un corps gras peut-être, qui prendra part au développement du bouquet du vin; dans tous les cas, quelque chose d'âpre.

Occupons-nous des procédés qui permettront d'analyser un vin, d'y constater, sinon la quantité, du moins la qualité des divers matériaux que nous y avons signalés, soit comme préexistant dans le moût, soit comme résultats de transformations.

Il n'y a pas très-longtemps, on discutait encore la

question de savoir si l'alcool est tout formé dans le vin. Il n'a fallu rien moins que l'intervention de Gay-Lussac pour trancher la difficulté. Aujourd'hui il n'y a plus d'hésitation : l'alcool tout formé est à l'état de mélange dans le vin, et celui que la distillation en extrait y préexistait, n'est pas le fait de l'action de la chaleur pendant cette opération. Mais il faut savoir que, en même temps que l'alcool, distillent l'acide acétique, des composés volatils odorants, éthers ou autres, qui font partie de ce que l'on nomme le bouquet des vins. Ne sait-on pas que dans les derniers produits de la distillation des eaux de vie ou des vins se trouvent divers alcools et un éther ne bouillant que vers 235 degrés, l'éther œnanthique ? Il faudra sans doute, dans l'avenir, tenir compte de ces produits volatils dans la graduation des instruments dont on se sert pour déterminer la richesse alcoolique des vins.

Le vin contient donc tous les mêmes produits volatils que nous avons trouvés dans la fermentation artificielle, plus des produits odorants qui caractérisent certains vins et dont quelques-uns existent dans tous les vins.

Après les matières volatiles, il faut considérer celles qui le sont beaucoup moins ou qui sont fixes.

Si l'on évapore une petite quantité de vin normal, de sorte que la dessication soit rapide, on obtient pour résidu un extrait qui devient plus consistant que celui des fermentations artificielles, sans toute fois devenir complétement sec et dur. Si l'on a pris du vin rouge, le résidu est, comme vous le voyez, d'un rouge vif et presque complétement soluble dans l'eau, sensiblement avec la même couleur; si le vin est blanc, le résidu est un peu roux, mais d'autant moins que la température appliquée était plus basse.

Nous prendrons pour type ce vin blanc de terret-bourret, fait avec du moût non filtré et simplement exprimé du raisin, dont je vous ai déjà parlé. Nous avons vu qu'il ne contient plus de sucre décelable par le réactif de M. Barreswill.

. Dans cette capsule, on en a évaporé **250** centimètres cubes, à une température qui n'a pas atteint 90 degrés. Lorsque le résidu a été réduit en sirop, on l'a abandonné à lui-même. Vous voyez les cristaux qui se sont formés; c'est la partie de la crème de tartre qui est restée dissoute dans le vin, que l'on retrouve dans tous les vins, car nous savons que ce sel ne prend d'autre part à la fermentation du moût que de compliquer la nature du milieu. On reprend cet extrait par l'alcool à **96** degrés centésimaux, comme nous l'avons fait pour l'extrait de la fermentation artificielle; il se sépare ainsi un précipité blanc, floconneux, qu'on lave à l'alcool. Ce précipité contient un peu de tartrate de chaux, un peu de phosphate de la même base, toute la crème de tartre et cette partie de matière azotée qui a été fournie par le ferment pendant l'acte de sa vie physiologique. Vous voyez, en effet, que cette matière est azotée, car elle dégage de l'ammoniaque lorsqu'on la chauffe avec la potasse caustique en fusion.

Si l'on reprend par l'eau convenablement alcoolisée, ce précipité se dissout en partie ; ce qui ne se dissout pas contient le tartrate de chaux, le phosphate et la crème de tartre. La partie dissoute contient la substance azotée ; si, après l'avoir évaporée et desséchée, on la réduit en cendres, elle se consume sans répandre l'odeur de corne brûlée ; les cendres blanches que l'on en retire sont essentiellement formées de phosphate de magnésie.

La partie de l'extrait du vin qui est soluble dans l'alcool contient, outre la glycérine et l'acide succinique qui y ont été découverts par M. Pasteur, plusieurs autres produits qu'on n'avait pas encore signalés dans le vin. Si l'on chasse l'alcool par la distillation, il reste une sorte de sirop qui, repris par l'eau et traité par l'acétate basique de plomb, fournit un précipité blanc. Ce précipité contient l'acide phosphorique et un acide organique incristallisable qui est probablement l'acide métapectique de M. Frémy, et qui provient de la transformation de l'acide pectique pendant la fermentation. Ces deux acides sont précieux à noter dans le vin. L'acide phosphorique ne nous surprend pas, nous savons qu'il existait dans le moût ; mais cet autre acide incristallisable démontre que d'autres produits se transforment dans la fermentation du moût.

La glycérine et l'acide succinique restent dans la

liqueur où le précipité précédent s'est formé, car le succinate de plomb, comme je m'en suis assuré, est soluble dans un léger excès d'extrait de saturne. Après avoir enlevé l'excès de plomb de cette liqueur par l'hydrogène sulfuré, on évapore pour chasser l'eau et l'acide acétique, et l'on sépare enfin la glycérine de l'acide succinique par le procédé de M. Pasteur que je vous ai indiqué[1].

Le vin contient enfin une matière qui n'agit pas sur le réactif de M. Barreswill, mais qui peut être saccharifiée par l'acide sulfurique, et qui alors réduit ce réactif.

En résumé, le vin contient donc tous les produits qu'aurait formés le sucre en fermentant seul; mais il tient en dissolution beaucoup d'autres principes qui préexistaient dans le moût et qui se sont transformés en partie ou qui sont restés inaltérés.

La somme de tous les produits fixes ou peu volatils du vin est donc nécessairement supérieure à la somme de ceux qui se forment dans la fermentation du sucre dans l'eau, par le ferment déjà formé. J'ai déjà appelé l'attention sur le poids des matériaux fixes du vin; c'est le moment d'y revenir. Voyons:

Un litre d'eau sucrée contenant 200 grammes de sucre par litre fournit un liquide fermenté dans lequel existent de toute nécessité 12 à 13 gram. d'extrait. Si le moût n'était que de l'eau sucrée, un litre de vin

___

[1] Je me réserve de publier plus tard les résultats de cette nouvelle manière d'analyser l'extrait du vin.

contiendrait donc au moins 12 grammes de résidu fixe (si le moût avait contenu 200 grammes de sucre, ce qui est la moyenne pour certains raisins bien mûrs). Mais il y a en plus, dans l'extrait du vin, la série des composés organiques ou minéraux que nous y avons constatés. D'un autre côté, M. Pasteur a trouvé qu'un litre de vin contient un peu plus de glycérine et d'acide succinique que le même volume de liquide produit par la fermentation de 200 grammes de sucre. D'après ce savant, voici la quantité de ces deux corps qui existe dans un litre de certains vins :

Vin vieux de Bordeaux.	glycérine, $7^{gr},4$.
	acide succinique, $1^{gr},48$.
Vin de Bordeaux ordinaire	glycérine, $6^{gr},97$.
	acide succinique, $1^{gr},39$.
Vin de Bourgogne vieux	glycérine, $7^{gr},34$.
	acide succinique, $1^{gr},47$.
Vin d'Arbois vieux.	glycérine, $6^{gr},73$.
	acide succinique, $1^{gr},35$.

La masse des matériaux de l'extrait est donc encore augmentée par ces produits, qui se forment en plus grande quantité, à cause de la nature plus complexe du mélange fermentant.

D'après mes expériences, sur des vins faits par moi, dans mon laboratoire, avec des raisins d'espèces connues, voici la quantité d'extrait que contient un litre de ces vins[1], ainsi que celle de l'alcool, déterminé à

[1] L'extrait est déterminé en évaporant 5 centimètres cubes de vin dans une étuve à eau jusqu'à siccité, et un séjour d'une demi-heure dans le vide sec. Il ne convient pas d'employer un volume plus grand; la dessication, dans ce cas, est presque impossible, tandis que dans une capsule plate, 5 centimètres

l'aide de l'appareil de Salleron, ce qui est suffisant pour des déterminations industrielles :

I. *Vin de terret-bourret.* (Moût *mère goutte,* spontanément fermenté. Plus de sucre dans le vin. Fermentation du 10 octobre au 30 décembre.) Expériences du mois de juillet.

Extrait par litre, 16 grammes.

Alcool, 11 pour 100.

II. *Vin de terret-bourret.* (Même raisin que ci-dessus, mais fermenté avec grappes et peaux. Encore très-peu de sucre dans le vin. Fermentation du 10 octobre au 15 décembre.) Expériences du mois d'août.

Extrait par litre, 18 grammes.

Alcool, 9 pour 100.

III. *Vin d'aramon.* (Raisin cultivé en plaine, Montpellier. Le tout a été écrasé. La fermentation a duré du 16 septembre au 7 novembre. Le vin est très-beau. Il ne contient plus de sucre, ou à peine une trace. Couleur vive et riche.)

Extrait par litre, 19 grammes.

Alcool, 10,6 pour 100.

IV. *Vin d'aramon.* (Même raisin, mais bien égrappé et bien écrasé. Fermentation du 16 septembre au 7 novembre. Le vin est un peu plus coloré que le précédent. Il contient encore une trace de sucre.)

Extrait par litre, 19gr,2.

Alcool, 10,7 pour 100.

La fermentation pour les vins précédents a eu lieu en vase hermétiquement clos ; on ne remarquait aucune trace de moisissure quelconque sur les produits des appareils ; les deux dernières déterminations ont été faites au mois d'août.

V. *Vin d'aramon.* (Même raisin. Le tout a été écrasé parfaitement. Fermenté du 16 septembre au 3 octobre.) On a fait

cubes laissent l'extrait sous la forme d'un vernis sans épaisseur sensible, par conséquent facile à dessécher rapidement.

avec ce vin deux séries d'expériences. On remarque d'abord que la fermentation a été faite dans un vase qui fermait moins hermétiquement que les précédents, et que la surface du chapeau était parsemée de fines moisissures blanches ; on ne constata néanmoins aucune odeur de vinaigre.

Raisin employé, 15 kilogrammes.
Vin simplement écoulé et exprimé à la main, 11 litres.
Vin des marcs exprimés à la presse, 1 litre.
Poids des marcs exprimés à la presse, 860 grammes.

Le vin simplement écoulé est très-bon, de belle couleur, mais peu foncé. Le 10 octobre, le vin étant complétement éclairci, on dose l'extrait et l'alcool : il y avait encore beaucoup de sucre.

Extrait dans le vin écoulé, par litre, 25^{gr},6.
Extrait dans le vin de presse, par litre, 19 grammes.
Alcool dans le premier, 8,7 pour 100.
Alcool dans le second, 5 pour 100.

Le même vin a été examiné au mois de juillet suivant ; la fermentation insensible étant terminée, on y trouve encore un peu de sucre. Le vin est bon, mais faible et peu coloré ; l'extrait n'est pas d'un beau rouge, il est sale, et, en le reprenant par l'eau, celle-ci ne se colore pas.

Extrait dans le vin écoulé, par litre, 21 grammes.
Alcool, 8,8 pour 100.

Selon moi, ce vin ne s'est pas conservé parce que la fermentation a été compliquée de ferments étrangers ; quant à la richesse alcoolique, elle est moindre parce que la fermentation n'a pas assez duré. On voit aussi, par là, que le vin de pressoir est à la fois moins riche en alcool, en extrait et en couleur.

VI. *Vin d'aramon.* (Le raisin vient de Mèze. Le tout a été écrasé. Fermenté avec rafles et peaux, du 25 septembre au 7 novembre. Trace à peine sensible de sucre.) Déterminations du mois d'août.

Extrait par litre, 23 grammes.
Alcool, 10,7 pour 100.

VII. *Vin d'aramon.* (Le même raisin, mais fermenté avec du plâtre. Tout le reste comme ci-dessus.)

> Extrait par litre, 25 grammes.
> Alcool, 10,7 pour 100.

Les deux vins sont également très-colorés, très-beaux et très-bons, comme III et IV.

VIII. *Vin de carignan.* (Cultivé en plaine, à Montpellier. On égrappe avec soin. Fermentation du 16 septembre au 6 novembre.) Le vin complétement fait, la fermentation insensible complétement achevée, on fait les déterminations au mois de juillet : il y a encore assez de sucre.

> Extrait par litre, 22^{gr},5.
> Alcool, 11,9 pour 100.

IX. *Vin de carignan.* (Même raisin, mais non égrappé. Le reste comme pour VIII.)

> Extrait par litre, 22 grammes.
> Alcool : 11,9 pour 100.

Ces deux vins sont superbes et excellents. Le second est un peu moins foncé.

X. *Vin d'alicante.* (Le raisin vient de Mèze. Le tout, convenablement écrasé, a été mis à fermenter dans une bonbonne parfaitement close, le gaz se dégageant, comme dans les précédentes expériences, à travers une couche d'eau. La fermentation, commencée le 25 septembre, n'a été terminée que le 15 janvier suivant.) Les déterminations ont été faites au mois d'août : il y a encore beaucoup de sucre.

> Extrait par litre, 37^{gr},6.
> Alcool, 14 pour 100

Ce vin est superbe, d'une saveur et d'un bouquet exquis. Une petite quantité, que j'avais oubliée dans un petit flacon mal rempli, avait en partie passé à l'état de *rancio*.

Je crois pouvoir donner ces nombres avec confiance comme types pour les raisins que j'ai examinés. Mais

il ne faut pas oublier que pour eux la fermentation
a fourni tout ce qu'elle pouvait fournir. Dans le commerce, pour les produits des fermentations selon moi
incomplètes, le poids de l'extrait est beaucoup supérieur, car il y a encore beaucoup de sucre. Pour
ces vins-là, la quantité d'extrait s'élève à 24 grammes
et plus par litre, lorsque je trouve 19 ou 20. Et, si l'on
prend l'extrait des vins liquoreux, on tombe sur des
nombres extrêmement grands. Ainsi, dans le frontignan, on trouve jusqu'à 265 grammes de résidu par
litre de vin, et dans le rivesaltes jusqu'à 185.

Telle est, en résumé, la composition générale de
nos vins et probablement de tous les vins. Ces résultats peuvent être, mais ne sont que peu modifiés par
les variétés du même cépage, par le genre de culture,
la nature du sol, voire même, contrairement à ce
que l'on pouvait penser, par l'influence des conditions météorologiques ; car plusieurs échantillons
que vous venez de voir sont le résultat de la fermentation de raisins vendangés pendant et après les pluies
du mois de septembre de l'année 1862. La culture,
la nature du sol et du sous-sol, le climat, l'exposition,
influent surtout sur ces qualités des vins que la
balance n'apprécie que difficilement et pour l'appré-
ciation desquelles un fin connaisseur est bien plus
expert qu'un chimiste. Mais, toutes choses égales
d'ailleurs, n'est-ce pas le mode de culture qui a la
plus grande influence, et n'est-ce pas de ce côté qu'il
faut diriger toute son attention ? « Tout le monde sait,

dit M. Dumas, que l'abus des fumiers a détruit la qualité des vins des environs de Paris, en augmentant le rendement des vignes [1]. »

Jetons un coup d'œil sur un élément important et vivement recherché dans certains vins du pays : la couleur des vins rouges. Que ne puis-je convaincre tout le monde que c'est dans le raisin que l'on trouve le mieux le trésor que l'on cherche.

J'ai déjà insisté beaucoup sur la durée de la fermentation et sur la température excessive qui peut se développer pendant qu'elle s'accomplit. Il faut encore insister sur l'influence de l'air. Ces trois influences sont prépondérantes par rapport à la couleur des vins.

La lenteur et la durée de la fermentation ;

La température ;

L'absence de l'air ;

Voilà surtout à quoi il faut avoir égard.

Si la fermentation est plus lente, la durée sera plus grande et la température développée moindre. Ces choses se tiennent.

Si la température s'élève trop, elle détermine cette sorte de coction dont je vous ai parlé dans la troisième leçon. *A priori*, on conçoit que, si la température s'élève, la capacité dissolvante du vin sera accrue ; par conséquent, la couleur plus facilement extraite ; cela est certain. Mais il faut tenir compte de la modification que la couleur du vin éprouve de la part des

---

[1] *Traité de chimie appliquée aux arts,* t. VI, pag. 497

matières qui se sont dissoutes, en même temps qu'elles ont été modifiées par cette coction dont j'ai parlé.

La durée a une influence incontestable d'après mes expériences, dont les résultats sont sous vos yeux. Vous voyez que, pour un même vin d'aramon, fait avec le même raisin, toutes les conditions étant les mêmes, la couleur est d'autant plus intense que la fermentation a été plus longue.

Vous voyez aussi que le plâtrage n'a pas d'influence sur le développement de la couleur; mais il paraît avoir une influence certaine sur la rapidité de la fermentation, et par suite sur sa durée. Selon M. Dumas[1], dans plusieurs localités, on emploie le plâtre pour ralentir la fermentation, et lorsque, pour obtenir une plus forte coloration, il faut laisser longtemps cuver sur les pellicules. Il paraît aussi que le plâtrage a une influence favorable sur la conservation des vins.

L'exemple V démontre que, pour un même raisin qui a fermenté à l'abri de l'air, ou dans un vase moins bien clos, la couleur est à l'avantage de la fermentation où l'arrivée de l'air a été complétement interceptée : la couleur est à la fois plus intense, plus brillante et plus stable.

A mon avis, la conservation des vins gagne à cette action prolongée, à basse température, du vin sur le marc. Je vais en donner la raison : après les huit jours en usage, le vin est loin d'être aussi alcoolique qu'il

[1] *Loc. cit.* p. 494

le sera plus tard ; sa faculté dissolvante n'a pas atteint son apogée ; il ne peut donc pas extraire toutes les matières tannantes qui achèveraient de précipiter les matières albuminoïdes qui, par hasard, n'auraient pas encore été organisées et par là rendues insolubles. L'élimination des matières albuminoïdes est essentielle et doit être attribuée à ces deux causes réunies, quand il s'agit des vins rouges. Et que l'on ne se préoccupe pas outre mesure du goût âpre que le vin peut acquérir par là : si le cuvage a lieu à basse température, ce défaut sera très-minime et se corrigera par les actions lentes qui se continuent dans le vin, après le décuvage, le soutirage et le collage, opérations dont je vous entretiendrai dans la prochaine leçon.

Mais le cuvage prolongé a encore une influence sur le rendement. J'ai remarqué, en effet, sur l'*aramon* comme sur l'*alicante,* dans ces cuvages qui ont duré si longtemps, que les peaux étaient comme ratatinées, racornies, resserrées, desséchées en quelque sorte ; elles ne collaient pas. On conçoit donc qu'un pareil état du marc soit éminemment favorable pour faciliter une expression complète du liquide emprisonné, et par suite que la quantité du vin soit notablement augmentée. Ne sait-on pas combien l'état mucilagineux des grains récents s'oppose à l'expression complète du moût ? Mais nous aurons l'occasion, dans la prochaine leçon, de nous occuper avec un peu plus de soin des détails de la fabrication.

SIXIÈME LEÇON

—

Nous connaissons la nature du vin, celle des principes qui le constituent, qui préexistaient dans le moût ou qui sont le résultat de l'action du ferment sur quelques-uns de ses matériaux. Parmi ces derniers, il y en a qui ont pour origine la fermentation normale du sucre ; à ceux-ci le liquide des fermentations artificielles doit sa saveur, sa vinosité et son odeur. Mais dans la fermentation du moût, dans ce milieu si complexe pour le ferment comme pour nous, d'autres substances prennent part au mouvement de la réaction. Sans doute que ces matières, en passant dans le ferment et en participant en quelque sorte aux phénomènes de sa nutrition, communiquent au vin ce qui fait sa nature spéciale, sa vinosité, sa saveur, son arome et son bouquet. Ce bouquet est dû à plusieurs composés, dont les éléments prochains existaient sans doute déjà dans le moût, dans le raisin même ; qui existent déjà modifiés dans le vin, mais qui ne développent le bouquet qu'avec le temps, pendant l'action lente et ininterrompue que les éléments multiples de ce liquide exercent incessamment les uns sur les autres. Celui qui a senti avec soin, dégusté attentivement diverses espèces ou variétés de raisins, le moût de ces fruits, y a reconnu une odeur particulière et souvent une saveur propre, qui est exagérée dans certaines espèces, comme dans le muscat, par exemple, mais qui existe plus ou moins dans tous les raisins. C'est ce quelque chose que la culture, le sol, le climat, l'exposition, peuvent développer, et qu'une production trop abondante, déterminée par trop de fumure, peut faire disparaître. Le raisin apporte donc, pour la formation du bouquet, quelque chose qui est dans sa nature. Le fait est que le moût distillé laisse passer un produit odorant et quelque composé à réaction acide. Quoi qu'il en soit, tout le monde sait que ce n'est qu'au bout de quelques années que certaines qualités de vins acquièrent toute leur valeur aux yeux des connaisseurs. Les anciens avaient déjà fixé au bout de combien d'années certains vins devaient être consommés pour mériter d'être estimés.

Nous avons vu que quelques-uns des principes immédiats du raisin se retrouvent intacts dans le vin, que d'autres ne s'y retrouvent plus du tout, la matière albuminoïde, par exemple ; le sucre lui-même peut n'y être plus représenté que par quelques-uns des composés dans lesquels il se transforme.

Tout l'art de fabriquer le vin consiste à développer à leur *summum* d'intensité toutes les qualités que la fermentation et les soins ultérieurs peuvent communiquer au produit final.

Les phénomènes qui s'accomplissent pendant la fermentation du moût de raisin, nous l'avons vu, sont de trois ordres, qui dépendent originairement d'un acte physiologique : d'ordre physique, quand on considère le dégagement de chaleur et celui du gaz ; d'ordre chimique, quant aux transformations que la matière subit ; mais surtout d'ordre physiologique, car ils sont essentiellement sous la dépendance d'un acte vital. Or le ferment est un être organisé délicat, l'un des plus simples, puisque son organisation se résume dans celle d'une cellule ; il faut donc le traiter avec ménagement, comme un être vivant dont nous pouvons disposer, mais que nous ne savons pas créer. C'est donc avec infiniment de soins qu'il faut s'en servir ; il faut, si j'ose le dire, le traiter presque avec respect et le placer dans les meilleures conditions hygiéniques.

Tout à l'heure, j'ai dit : « l'art de fabriquer le vin. » Fabriquer est bien le mot. Le vin est, en définitive, un produit de l'art : on fait à volonté des *vins secs*, des *vins liquoreux*, des *vins mousseux*, etc. Or avec la même espèce de raisin on peut faire toutes ces qualités de vins, à son gré. Les vins de la même qualité ne se ressemblent pas, sans doute. Le vin mousseux de Champagne est un vin blanc chargé de gaz carbonique, il est par cela même un produit de notre industrie. Il en est de même de tous les vins. Avec du raisin rouge, je puis fabriquer du vin blanc, aussi bien que du rouge. Je suis le maître de faire du vin sec avec les raisins qui fournissent les vins liquoreux si justement estimés de Lunel, de Frontignan ou de Rivesaltes, qui eux-mêmes sont des produits fabriqués. En Alsace, à Ribeauvillé, on fait un vin de liqueur très-sucré, le *vin de paille*, avec des raisins blancs qui fournissent les vins du Rhin. L'art de faire le vin est donc une fabrication, et voilà pourquoi, lorsqu'un raisin contient trop de sucre pour faire un vin sec, il faut lui ajouter de l'eau. Le tout est de s'entendre et de faire un produit *artificiellement naturel* avec des produits naturels ; c'est-à-dire qu'il faut que le vin soit fait exclusivement avec du raisin et capable de se conserver.

Les vins secs, dans lesquels tous les principes immédiats du raisin sont normalement transformés par la fermentation, sont les plus aptes à se conserver ; car pour cet objet si important, sans lequel la viticulture

serait la plus onéreuse des industries, l'essentiel est
que le vin ne contienne plus de produits qui puissent
servir de nourriture à de nouveaux ferments de transformation. Mais, lorsque ce point a été atteint, le vin
exige encore des soins particuliers; car, en définitive,
il contient des matières organiques, et ces matières,
toujours actives, essentiellement actives, ne sont jamais en repos : elles se transforment sans cesse,
sous l'influence de causes sans cesse renaissantes,
jusqu'à ce qu'un équilibre stable se soit établi.

Maintenant que la théorie de la fermentation du
moût est connue, que nous connaissons les matériaux
qui sont en jeu et ce qu'ils deviennent, nous allons
passer en revue les différentes phases de la fabrication
des vins secs.

En premier lieu, il s'agit de vendanger. Quand faut-
il le faire? Ici, pas de règle absolue. La vigne est située
sur des collines bien exposées, ou dans la plaine; le
cépage est de telle espèce, le sol de telle nature géolo-
gique; le climat est chaud ou moins chaud; le raisin
mûrit tard ou mûrit tôt. Toutes ces choses regardent
le vigneron qui connaît son métier. Mais étant donné
le raisin, une chose est indispensable : il faut qu'il soit
mûr. Je ne dis pas, bien mûr ou très-mûr; je dis qu'il
faut qu'il soit le *mieux mûr* pour le but qu'on veut
atteindre.

Il y a deux sortes de maturités : la maturité physiologique et la maturité de convention. *Le raisin est
physiologiquement mûr quand le pepin est apte à repro-*

9

duire la plante, ce que Olivier de Serres exprimait en disant que les pepins sont vides de substance gluti- neuse, d'après ce que nous apprend Chaptal. Cette maturité-là peut être insuffisante pour fabriquer un bon vin. Le raisin doit être le mieux mûr (c'est pour cela que dans certains vignobles on fait des triages); or il l'est lorsque tous les matériaux du grain sont en équilibre, lorsqu'ils ont atteint toutes leurs qualités, que le sucre y est en aussi grande quantité que le comporte l'espèce de raisin que l'on veut récolter. Le raisin est *très-mûr* quand il s'y est accompli un travail supplémentaire qui lui communique un goût particu- lier, ainsi que cela arrive pour tous les fruits. Une pomme, un raisin très-mûrs que l'on conserve soit sur l'arbre ou sur la souche, soit sur la claie, ont un goût, un arome que n'avaient pas les mêmes fruits fraîche- ment cueillis, à l'époque de leur maturité physiologi- que. C'est avec des raisins très-mûrs ainsi obtenus que dans plusieurs contrées on fabrique, sous le nom de *vin de paille,* des vins liquoreux.

Le raisin une fois le mieux mûr, la vendange doit être faite. Je voudrais que les raisins fussent choisis, qu'il fussent sains et que l'on éloignât soigneusement tous ceux qui sont gâtés, pour les faire servir à des fermentations particulières, pour vin de chaudière, par exemple. Ces derniers apportent avec eux les germes du ferment qui les dévore; or il est important que pendant l'acte de la fermentation aucune autre ne puisse s'établir concurremment, et qu'il ne reste pas dans le vin de germes d'un autre fermentation. Il est de notoriété que, dans les vignobles où l'on fabrique des vins estimés, on apporte le plus grand soin au bon état de conservation des raisins, et je me suis assuré, pour ma part, que le vin fait avec des raisins gâtés ne se conserve pas si bien, n'est pas si beau, que le vin fait avec les mêmes raisins dont on avait éloigné les grains malades.

Le raisin est arrivé au cellier. Là il subit quelques préparations préliminaires, ou bien on jette le tout, pêle-mêle, dans les cuves ou les tonneaux où doit se faire la fermentation.

Si l'on veut faire du vin blanc, on exprime incontinent le raisin pour faire fermenter le jus seul, que le raisin soit noir ou peu coloré comme le terrebourret.

Si l'on veut faire du vin rouge, il est nécessaire, comme vous le savez, de faire fermenter avec la pellicule des raisins noirs, qui contient cette couleur.

La pellicule du grain de raisin apporte, outre la couleur, une certaine quantité de tannin.

Si l'on veut tenir à la qualité la plus agréable du vin, à un certain *velouté*, comme on dit, il est nécessaire de rejeter les rafles; il faut *égrapper*. Pendant cette opération, il convient d'éviter d'intéresser les pepins, car, dit-on, ils communiqueraient au vin l'âpreté qui est en eux. On a proposé pour cet objet des instruments bien connus, qui remplissent parfaitement le but. Pendant l'*égrappage*, le raisin est souvent écrasé en même temps[1].

Les grappes ou rafles, avons-nous dit, sont souvent mises à fermenter avec le reste. Sans doute, la rafle communique au vin, surtout dans les premiers temps, une certaine rudesse, de l'âpreté ; mais, dans les fermentations comme je conçois qu'elles devraient être conduites, la rafle apporte aussi un contingent d'éléments conservateurs au vin. La grappe contient, en effet, outre le tannin, presque tous les principes immédiats importants du moût ; car, comme celui de tous les végétaux, son suc renferme du sucre, de la matière albuminoïde, et de plus de l'acide tartrique, des tartrates, des phosphates. Ces matières peuvent donc, les unes fermenter, les autres concourir à la nutrition du ferment. En un mot, la présence de la rafle dans les cuves a sa raison d'être qui est logique. Néanmoins, les vins faits avec des raisins égrappés sont plus fins, plus moelleux, plus doux. A cet égard, il faut beaucoup laisser à l'observation des praticiens.

Que le raisin soit égrappé ou non, il convient de le *fouler*, de l'écraser plus ou moins complétement. On discute l'opportunité de cette opération. Je ne saurais me prononcer trop catégoriquement, car il y a des usages qui ne peuvent être jugés que par l'expérience

---

[1] L'égrappage est surtout utile pour les opérations où l'on fait cuver longtemps. Cependant j'ai montré des échantillons de vin, avec ou sans égrappage, où le résultat ne différait pas notablement.

en grand. Néanmoins, je crois à l'utilité du *foulage*,
parce qu'il a pour effet de briser non-seulement la
peau du raisin, mais encore les cellules qui contiennent
le suc, et que dès le commencement il opère un
mélange plus intime de toutes les parties du fruit et
des principes immédiats qu'il contient, hâtant ainsi le
début de la fermentation, ce qui est une chose utile.

Que se passe-t-il pendant la vendange et surtout
pendant le foulage et toutes les manipulations qui précèdent la mise en cuve et le *cuvage* ?

Durant la vie du raisin sur la souche, aucun phénomène ne se manifeste si le grain est intact ; mais
pendant le travail de la vendange, pendant que l'on
foule surtout, les raisins meurtris ont largement le
contact de l'air, et les germes qu'il apporte avec lui
s'y fixent ; de plus, ceux qui pouvaient être attachés
sur la grappe sont intimement mêlés, ainsi que ceux-
là, avec le moût. C'est peut-être parce que la filtration
élimine ces germes que le moût filtré entre plus
lentement en fermentation. Les éléments du ferment
alcoolique étant ainsi introduits dans le moût, la fermentation s'établit peu à peu et devient bientôt très-
vive.

On fait fermenter dans des cuves ou dans des tonneaux plus ou moins bien clos et dont le volume, souvent trop considérable, dépasse trente muids et plus.
A mon avis, le volume de la masse qui fermente est
trop grand lorsqu'il dépasse dix muids, et je vous en
ai donné les raisons.

Je ne veux pas revenir sur ce que j'ai déjà dit plusieurs fois sur le développement de la température pendant la fermentation sous de trop grands volumes. Je ferai seulement l'observation que l'égrappage plus ou moins complet, ou même l'expression du moût, a une influence incontestable sur la rapidité et l'intensité du phénomène. Tout étant d'ailleurs semblable (température initiale, volume, qualité du raisin), le moût exprimé, séparé des peaux et des grappes, fermente moins tumultueusement et plus régulièrement que les raisins simplement foulés. J'imagine même qu'un jour viendra où l'on fera deux parts dans la masse en fermentation.

La perte d'alcool, d'éther et d'autres principes volatils du vin, peut être exagérée par le trop grand développement de chaleur, le dégagement trop rapide de l'acide carbonique et son expansion considérable, due précisément à l'élévation de la température. Quelle est l'importance de cette perte? Je crois qu'elle est, d'après une expérience en petit, d'au moins quatre centièmes du poids de l'alcool produit, lorsque la température s'élève à 36 ou 38 degrés ; mais je n'affirme rien encore. Thénard, en discutant la valeur de l'appareil de Mlle Gervais, estime que cette perte ne s'élève pas à la deux-centième partie du vin. Or la deux-centième partie du vin réprésente 350 litres d'alcool pour 100 muids. Mais c'est énorme, cela équivaut à 5 muids d'alcool, sur 1,000 muids de vin formé. Se figure-t-on ce que vaut 1 muid d'alcool sur 200 muids de vin? Réduisons la perte à une moindre quantité, et l'on voit qu'il vaut la peine, dans la grande industrie, de condenser cet alcool.

Que faut-il faire pour éviter cette énorme perte? Faut-il faire en sorte que la fermentation soit ramenée absolument à ses conditions théoriques et dans des appareils clos, c'est-à-dire dans lesquels le gaz carbonique serait conduit par un tube au fond d'un vase contenant de l'eau? J'y avais songé, et je suis convaincu qu'avec le temps on en viendra là. Mais, dans l'état actuel des choses, c'est difficile, toute l'organisation actuelle des celliers étant fondée sur des principes différents.

D'après Thénard, Mlle Gervais, se préoccupant de cette perte d'alcool, avait proposé un appareil qui consistait: « 1° en un couvercle de bois luté sur une cuve, avec du plâtre ou de l'argile, et au milieu duquel était une ouverture qui recevait un grand chapiteau en fer-blanc, enveloppé d'un réfrigérant; 2° en deux grands tuyaux qui partaient du sommet du chapiteau et qui allaient plonger dans un vase rempli d'eau ou de vinasse; 3° en une soupape de sûreté adaptée à l'un des tuyaux. » « On a prétendu, dit Thénard, qu'au moyen de cet appareil on condensait beaucoup d'alcool qui se vaporisait pendant la vinification; qu'on obtenait plus de vin, du vin plus parfumé, plus coloré et plus spiritueux que par les procédés ordinaires. »

A mon avis, l'appareil de Mlle Gervais réalisait un progrès, non pas en condensant l'alcool par son réfrigérant, dont l'influence devait être nulle, mais à un autre point de vue, dont il sera question tout à l'heure.

C'est l'acide carbonique qui entraîne l'alcool et les éthers, voilà ce qu'il faut se dire. Or ce n'est pas le réfrigérant de l'appareil de Mlle Gervais, ni le lavage du gaz dans l'eau ou la vinasse, qui l'arrêteront. J'ai réfléchi, Messieurs, et je préfère vous proposer d'expérimenter le moyen suivant, qui est peu dispendieux, applicable aux installations actuelles, et qui est calqué sur celui que Gay-Lussac a proposé et que l'on emploie dans l'industrie pour condenser les vapeurs acides qui se dégagent dans la fabrication de l'acide sulfurique.

Toutes les cuves ou tous les tonneaux seraient convenablement fermés; une ou plusieurs ouvertures pratiquées dans le couvercle recevraient un ou plusieurs tuyaux qui pourraient être en plomb. Tous ces tuyaux iraient aboutir dans un grand réservoir vide, un tonneau par exemple, d'où un ou plusieurs tubes conduiraient le gaz et les vapeurs dans un second réservoir, surmonté d'une sorte de cheminée verticale d'un certain nombre de mètres de hauteur, et garnie de charbon ou de coke en fragments de volume variable et mouillé; à la partie supérieure, un petit vase à bascule, dont les deux capacités recevraient alternativement de l'eau que laisserait couler un réservoir à niveau constant, permettrait d'entretenir le coke constamment mouillé par de l'eau nouvelle. Le gaz acide carbonique, forcé de se tamiser à travers cette couche de charbon humide, abandonnerait l'alcool et les autres produits solubles dans l'eau, et cette eau, chargée de ces produits, s'écoulerait dans un tonneau placé au-dessous du réservoir que surmonte la cheminée à coke. Pour éviter l'emploi d'un trop grand volume d'eau, on voit que celle qui s'est écoulée une fois, n'étant pas encore saturée, pourrait être reversée une seconde et peut-être une troisième fois sur le coke. Il est clair que, grâce à cette disposition, l'alcool se condenserait sous un assez petit volume pour que sa distillation ne fût pas trop difficile. Le système que je propose, et que l'on pourra perfectionner, n'est pas coûteux : il aurait l'avantage de ne retarder en aucune façon l'écoulement de l'acide carbonique, n'augmenterait pas sensiblement la pression dans les cuves et soustrairait suffisamment la vendange du contact de l'air, lequel, utile au commencement, est extrêmement nuisible dès que le vin commence à être fait. L'avantage essentiel que réalisait l'appareil de Mlle Gervais était, sans que l'on s'en doutât, de garantir précisément de l'influence fâcheuse de l'air. Quant à l'influence de la pression, si elle devient trop grande, elle est réelle ; il me paraît démontré que le ferment exécute ses évolutions avec plus de peine dans un milieu où la pression est supérieure à celle de l'atmosphère.

Les cuves et les tonneaux sont placés dans des lieux que l'on nomme *celliers*. Les celliers sont organisés, disposés, suivant les conditions climatériques de chaque pays. Dans le Midi, on les expose au nord; dans d'autres contrées, où la température, à l'époque de la vendange, n'est pas toujours suffisamment élevée, on recherche, au contraire, l'exposition la plus chaude. En Champagne, d'après M. Dumas, les tonneaux sont placés dans une cave ou dans un cellier frais, *afin que la fermentation ne soit pas trop active.* Je suis convaincu que, dans le Midi, on arrivera à ne plus construire les celliers au niveau du sol, que l'on finira par creuser des caves, et par employer, au lieu de cuves qui ont souvent une capacité de 42,000 litres (60 muids), des tonneaux de moindre capacité. C'est, d'ailleurs, le seul moyen de se mettre à l'abri du trop grand développement de chaleur et d'éviter les fermentations tumultueuses qui s'accomplissent dans l'espace de quatre à cinq jours.

L'appareil de Mlle Gervais avait l'avantage de soustraire la masse fermentante à l'action de l'air. Tant que la fermentation est tumultueuse, le dégagement d'acide carbonique très-abondant; l'air ne peut que difficilement intervenir. Aussi n'est-ce pas à cette époque qu'il est à redouter; car, si son intervention est nécessaire pour commencer, en apportant les germes du ferment, il est inutile et surtout nuisible dans la suite. Il faut être bien convaincu de ce fait, que, la fermentation étant commencée, l'air doit être évité autant que possible.

Examinons donc l'influence de l'air dans les con-

ditions, grossières à mon avis, où l'on se place ordinairement.

Cette influence est nuisible à deux points de vue:
par l'air lui-même d'abord, et par les germes des ferments qu'il apporte ensuite.

Supposons que la fermentation se fasse avec du raisin foulé, en présence des pellicules et des rafles.
Bientôt le *chapeau* se forme par le soulèvement des
rafles et des peaux (lorsque le moût fermente seul,
le chapeau est remplacé par une large surface d'é-
cume); ce chapeau, ou cette couche d'écume, ont
pour effet, sans doute, de soustraire le liquide qui est
au-dessous à l'action de l'air. Mais ce chapeau, cette
écume, forment une large surface sur laquelle l'air
agit par l'oxygène qu'il contient, d'abord, et en même
temps par les germes qu'il apporte. Or l'oxygène, soit
par lui-même, soit par l'intermédiaire des organismes
produits par le développement des germes, a pour effet
d'oxyder l'alcool, de l'*acétifier*, de le transformer dans
l'acide du vinaigre, absolument comme l'éponge de
platine favorise cette acétification de l'alcool. Le chapeau et l'écume agissent comme une immense éponge,
qui condense l'air dans ses pores. C'est, du reste, un
fait d'expérience qu'une grande partie de la surface du
chapeau s'acidifie et répand l'odeur du vinaigre. Il
est vrai que l'on rejette une partie de la masse du chapeau; mais est-on bien sûr que l'on enlève tout ce
qui est altéré? que l'on n'introduit rien des matières
étrangères qu'il contient dans le vin, au moment où

à la fin on va fouler, si l'on suit cette pratique, ou lorsqu'on portera le marc au pressoir? On ne peut-pas calculer l'influence des matériaux altérés du chapeau sur la conservation ou l'altération des vins. En Champagne, où l'on apporte tant de soins à la fabrication du vin, on ne néglige pas, d'après M. Dumas, de maintenir les tonneaux toujours pleins et de rejeter l'écume à mesure qu'elle se forme. Pourquoi, si ce n'est pour éviter les dangers que je viens de signaler? « Développer le bouquet, modérer la fermentation, tel » est toujours le but auquel tendent tous les efforts » des fabricants de Champagne. »

A tous les points de vue, une fois que la fermentation est en train, l'air est nuisible, et par son oxygène et par les germes des ferments qu'il apporte avec lui.

Il est donc important de faire fermenter à l'abri de l'air, et, si l'on n'est pas organisé pour cette manière d'opérer, conviendrait-il au moins, au bout de quatre à cinq jours, quand la fermentation tumultueuse a cessé et que la rapidité du dégagement de l'acide carbonique ne s'oppose pas assez efficacement à la rentrée de l'air dans les cuves, d'adopter un système de fermeture qui, tout en permettant la rentrée de l'air, arrêtât les poussières et les germes; quelque chose d'analogue aux bondes hydrauliques, une sorte de bouchon, porteur d'un tube en S, contenant de l'eau dans la courbure médiane, ou tout au moins un bouchon muni d'un tube droit garni de coton cardé, à travers lesquels l'air, forcé de se laver ou de se tamiser, abandonnerait les poussières qu'il tient en suspension.

Lorsque la fermentation tumultueuse a cessé ou à peu près, il y a encore beaucoup de sucre dans le vin, et néanmoins l'action devient de plus en plus lente, la fermentation dite *insensible* continue. Cela tient à deux causes : la première, c'est que, le mélange étant devenu plus complexe, le ferment n'agit plus avec autant d'énergie ; la seconde, parce que le ferment n'est plus porté dans toutes les parties de la masse. En effet, il commence alors à se déposer en partie, une autre portion étant maintenue dans le chapeau. Dans l'un et l'autre cas, une grande partie du liquide se trouve soustraite à l'influence du ferment, qui n'agit qu'au contact. C'est pour cela que dans les grands appareils, tandis qu'il n'y a plus de sucre ni au fond, ni au sommet, il y en a encore dans le centre. Tant que la fermentation est tumultueuse, l'acide carbonique soulève toute la masse et transporte le ferment dans toutes les régions de ce fluide pour y décomposer le sucre. Cela n'arrive plus lorsque la première phase a cessé; il est donc nécessaire d'agiter la masse pour soulever le ferment, ou de refouler le chapeau pour en mettre toutes les parties en contact avec le liquide encore sucré, pour porter le ferment partout où il y a encore du sucre à décomposer.

Le foulage fréquent proposé par certains auteurs a donc sa raison d'être, comme on le voit; mais il a encore une autre utilité, quand il s'agit de la couleur des vins : la matière colorante se dissout en plus grande quantité. A mon avis, si l'on imaginait un système d'appareil qui forçât le chapeau d'être constamment immergé, tout en évitant le contact de l'air, on atteindrait plus facilement le but que l'on se propose d'atteindre, surtout lorsqu'on craint, au point de vue du goût, les cuvages trop prolongés. L'extraction de la matière colorante serait plus complète dans moins de temps. Mais je reviendrai sur la couleur des vins.

Quelle que soit la marche que l'on suive, que la fermentation soit complète ou incomplète, il arrive un moment où il faut décuver en appliquant les procédés connus. On obtient ainsi le vin de *mère goutte*, celui qui s'écoule simplement, et le *vin de pressoir*, de première, de seconde et même de troisième presse.

Le vin mère goutte est à la fois le plus alcoolique et le plus riche en matières extractives, et, contrairement à ce que l'on pouvait croire et à ce qui me paraît que l'on admet généralement, le vin de pressoir est à la fois le plus aqueux et le moins riche en matières extractives [1].

[1] Un vin rouge mère goutte avait donné : alcool, 10 pour 100 ; extrait, 2,4 pour 100.

Vin de première presse: alcool, 7,5 pour 100 ; extrait, 1,8 pour 100.

Vin de seconde presse : alcool, 6,5 pour 100 ; extrait, 2,0 pour 100.

Vin de troisième presse : alcool, 6,4 pour 100 ; extrait, 2,1 pour 100.

On voit que l'alcool va en diminuant avec la pressée et que l'extrait augmente ; mais l'extrait des vins de presse diffère notablement de celui de mère goutte.

L'explication est simple : c'est le résultat d'une action toute physique, un effet d'endosmose. Les pellicules et les rafles perdent leurs parties solubles, qui par l'effet de l'endosmose passent avec l'eau vers l'alcool, tandis que celui-ci pénètre en beaucoup moindre quantité vers l'intérieur de ces pellicules et rafles. Voilà pourquoi ces dernières se ratatinent d'autant plus que le milieu où elles sont plongées est plus alcoolique. Par un cuvage prolongé, il se fait donc comme une expression naturelle de ces matières, et voilà aussi pourquoi six à huit jours ne suffisent évidemment pas pour que tous ces phénomènes si complexes s'accomplissent.

Le vin de pressoir, qui contient le plus de tannin, dont la saveur est si âpre, est utile à la conservation du vin, d'après les praticiens : voilà pourquoi on est dans l'habitude de le distribuer par égales portions dans tous les tonneaux où l'on a introduit le premier vin.

Le vin que l'on obtient après le décuvage est trouble : la fermentation est loin d'en être achevée ; elle se continue dans les tonneaux, elle est lente, peu sensible, se prolonge pendant plusieurs mois, et le vin finit par s'éclaircir. Il y a plus : si, comme je l'ai fait, on filtre le vin le mieux fermenté en apparence et qu'on l'introduise, ainsi filtré et parfaitement limpide, dans des bouteilles, on voit qu'il finit encore par fermenter, et l'on trouve, au mois de juin, du ferment parfaitement organisé dans le fond des vases ; par conséquent, toute la matière albuminoïde n'était pas devenue insoluble en devenant ferment. C'est pendant cette seconde phase de la fabrication du vin qu'il faut apporter de grands soins dans son traitement ; c'est dans ce moment qu'il importe grandement de veiller à ce que l'air n'arrive pas dans les tonneaux. Il est d'observation qu'il est avantageux de soutirer tard : le vin se bonifie sur les lies, c'est-à-dire que les transformations s'achèvent plus complétement ; mais c'est à une condition, c'est que l'air n'y pénètrera pas et qu'il ne sera pas exposé à une température trop élevée. Si l'on pouvait alors le refroidir à 14 degrés, on ferait bien. C'est en effet pendant cette seconde phase, lorsqu'il y a encore du sucre et un peu de matière albuminoïde, que, si la température est suffisamment élevée, le vin est le milieu le plus apte pour le développement des ferments qui le font tourner, car ils trouvent dans les lies un aliment fort précieux pour eux. Aussi la pratique a-t-elle depuis longtemps proposé de fréquents soutirages : dans quel but, si ce n'est pour éloigner ce foyer de destruction ? Je crois que, si dans les pays chauds on décuve et soutire vite, c'est parce que la présence des albuminoïdes et une température élevée concourent à faire tourner les vins.

Le *soutirage* a donc pour effet de séparer le vin des lies et d'éliminer le ferment.

Mais, comme le soutirage n'est pas une filtration ; que, malgré tout, il y a du ferment entraîné, si l'air intervient encore, le vin peut être encore perdu ; c'est pour cela qu'il faut avoir le tonneau toujours plein et bien bondonné. Voilà l'origine de la pratique qui consiste à ouiller fréquemment.

Pour éliminer vite les matières qui sont en suspension dans le vin soutiré, on *le colle*. Le collage se fait à la gélatine pour les vins blancs, à l'albumine et au sérum du sang pour les vins rouges. Cette opération a pour effet de remplacer la filtration, c'est une filtration indirecte. Dans ces deux manières de coller, le mécanisme est le même; il est du même genre que celui que les pharmaciens emploient pour clarifier les sirops: ils délayent le blanc d'œuf avec de l'eau, le mêlent au sirop froid, et portent peu à peu le mélange à l'ébullition; par l'action de la chaleur, l'albumine se coagule en un réseau qui englobe dans ses mailles les corps étrangers qui troublaient le sirop.

Dans l'opération du collage, l'albumine ou la colle sont délayées dans un peu de vin et le mélange jeté dans le tonneau. La pratique a enseigné pour chaque cas les meilleures proportions. Dans les vins rouges, l'albumine du blanc d'œuf ou du sang se coagule, grâce aux acides et au tanin, et se sépare en un réseau qui entraîne avec lui tous les corpuscules qui étaient en suspension. Dans les vins blancs, la gélatine devient insoluble par l'influence de l'alcool surtout, et agit ensuite comme l'albumine. Quelle que soit la substance que l'on a employée pour coller, il importe que le vin soit abandonné à un repos absolu, pour que la membrane-réseau se sépare lentement à travers toute la masse, entraînant tous les corps solides avec elle. Il est évident que ce but ne serait pas atteint si un dégagement gazeux quelconque agitait la masse liquide. Voilà le motif qui empêche de coller avant que tout mouvement de fermentation ait cessé.

Le collage a si bien pour effet d'éliminer le ferment tout en clarifiant le vin, que, le plus souvent, on a soin de faire brûler une *mèche* soufrée dans le tonneau où l'on veut mettre le vin soutiré. Le *méchage* des tonneaux ou le soufrage du vin est destiné à remplir la même indication: rendre inactif le ferment en le tuant. Ce n'est pas seulement en enlevant l'oxygène de l'air des tonneaux que la combustion de la mèche produit un effet utile; non, cette opération, comme le soufrage, a pour objet d'introduire de l'acide sulfureux dans le vin, de le *muter* en quelque sorte, c'est-à-dire de réduire le ferment au silence et de tuer les germes.

Le vin blanc ou le vin rouge qui a subi toutes ces opérations dans des circonstances propices est d'une conservation indéfinie, mais à une seule condition, c'est qu'il sera strictement conservé à l'abri de l'air et de la lumière; on dit même que le repos le plus absolu lui est utile.

Le vin est donc fait, dorénavant l'art est presque impuissant pour lui faire acquérir de nouvelles qualités: il est d'ailleurs en état de remplir le but auquel il est destiné, celui d'un auxiliaire puissant de l'alimentation publique. A ce point de vue, vous voyez combien la fraude est coupable : elle l'est non-seule-

ment parce qu'elle est une mauvaise action, mais
encore parce qu'elle s'exerce au détriment de l'alimentation et aussi de la santé publiques. Le vin naturel est
un aliment complet, car il contient, comme ces aliments, un corps gras, la glycérine; une matière qui
supplée le sucre et les matières glucogènes dans l'acte
de la nutrition, l'alcool; des matières extractives azotées, qui ne sont pas de nature albuminoïde[1] sans
doute, mais dont l'action ne saurait être considérée
comme insignifiante; des sels, sulfates, chlorures, et
surtout des phosphastes de chaux et de magnésie,
maintenus en dissolution par l'acide phosphorique et
les autres acides libres du vin.

Le vin est donc un aliment. Ceux qui s'en abstien-
nent mangent davantage en proportion. Un homme
qui boit un litre de vin peut manger 100 grammes de
viande de moins. Depuis l'établissement des sociétés
de tempérance, en Angleterre, on s'est aperçu que,
si l'on buvait moins de bière, on mangeait plus de
pain.

Au moment où le fabricant a mis la dernière main

---

[1] Je répète que la matière azotée du vin n'est pas de nature
albuminoïde, au moins dans les vins normaux et complétement fermentés que j'ai préparés. La matière azotée que
l'alcool sépare de l'extrait du vin ne répand que l'odeur du
pain grillé lorsqu'on la brûle dans une capsule, absolument
comme le produit semblable des fermentations artificielles.
Les matières albuminoïdes, quelles qu'elles soient, répan-
dent, dans les mêmes circonstances, l'affreuse odeur de la
corne brûlée.

aux grandes manipulations que nous avons rapidement passées en revue pour en comprendre la signification, le vin est, comme nous l'avons vu, quelque chose de très-complexe. Tous les éléments qu'il contient, l'acide succinique, l'acide acétique, l'acide phosphorique, dans certains vins l'acide tartrique, l'acide œnanthique et les autres acides gras, la glycérine, les alcools, les éthers, les matières extractives, etc. ; tous ces composés peuvent encore réagir les uns sur les autres. L'essence de la matière, après sa personnalité, son immutabilité et sa pondérabilité, ces grandes découvertes de Lavoisier, est d'être éminemment active. Tous ces matériaux réagissent donc les uns sur les autres, et les nouveaux composés formés pourront réagir à leur tour jusqu'à ce qu'un état d'équilibre plus stable soit établi, ce qui n'arrive, pour certains vins, qu'au bout de quelques années, après lesquelles ils perdront ces propriétés pour en acquérir encore de nouvelles.

De l'action lente des acides sur les alcools naîtront de nouveaux éthers, différents de ceux que je vous ai montrés; les alcools, l'alcool ordinaire, l'amylique, s'oxyderont en partie plus ou moins complétement, formeront des aldéhydes odorants, comme celui de l'alcool amylique, dont l'odeur de fruit est si pénétrante. Plus tard, dans les bouteilles, ces actions se continueront encore, et à la longue le vin finira par acquérir tout son prix, son bouquet achèvera de se développer.

Les très-vieux vins n'ont presque plus d'alcool, mais leur bouquet est développé outre mesure. Les éthers, les alcools, les composés les moins volatils s'y accumulent; d'autres produits se séparent à l'état d'insolubilité, et de tout cela résulte quelque chose de nouveau dont l'odeur persistante est extrêmement pénétrante.

Les matériaux divers qui concourent à former le bouquet sont extrêmement peu abondants dans les vins et presque impondérables. Vous en aurez une idée par ce fait : maintenez seulement pendant quelques instants le meilleur vin à 100 degrés, et son bouquet, si délicat et si intense qu'il soit, se dissipe et fait place à cette odeur peu agréable que l'on connaît sous le nom de *vin répandu*. Cette odeur est due à celui des composés odorants du vin qui est le moins volatil, un éther d'acide gras, l'éther que M. Liebig et M. Pelouze ont nommé œnanthique, et qui paraît se confondre, pour la composition, avec l'éther de l'acide du pélargonium. La quantité de cet éther est extrêmement minime : c'est dans les lies qu'on en trouve le plus, et il en faut 10,000 litres pour en obtenir 1 kilogramme. Dans le vin, il y en a beaucoup moins, puisqu'il en faut 40,000 litres pour en obtenir 1 litre[1].

L'odeur persistante et enivrante de l'éther œnanthi-

[1] On comprendra facilement pourquoi l'éther œnanthique se concentre dans les vins, si l'on remarque que son point d'ébullition est situé vers 235°, c'est-à-dire qu'il bout une fois et demie plus tard que l'eau.

que est précisément celle du vin répandu, et l'on voit qu'il suffit de un quarante-millième pour communiquer son odeur au vin. Vous jugez par là de la quantité de matière qui donne au vin son bouquet. L'art fait beaucoup pour le développer, mais la nature du raisin, surtout l'exposition et la nature du terrain, sont des éléments non moins nécessaires. Néanmoins, la culture et les soins apportés à la fabrication contribuent presque autant pour le développer. Voilà pourquoi il convient de tant recommander les soins de propreté, le choix du raisin. Quand on vise à produire beaucoup, il faut renoncer à la qualité; la fumure doit donc être pratiquée avec discrétion.

Les principes qui développent le bouquet résident dans les matières insolubles du moût, dans la rafle et dans les peaux. J'ai fait, à cet égard, une expérience bien significative. J'ai décoloré complétement du moût d'aramon et du moût d'alicante, et les ai mis à fermenter en prenant pour ferment les lies d'une autre opération. Ces vins sont presque comme de l'eau, tant ils sont incolores. Ils contiennent encore un peu de sucre; celui d'aramon, 11 pour 100 d'alcool et 21 grammes d'extrait par litre; mais il est aussi plat qu'on peut se le figurer et absolument pas aromatique; c'est la boisson la plus désagréable que je connaisse. Cependant les mêmes raisins avaient fourni les vins rouges si bons que vous avez vus dans la dernière séance.

Je crois que, même pour le développement du bouquet comme pour celui de la couleur, les cuvages suffisamment prolongés, à l'abri de l'air, sont d'une grande utilité. Le fait est que le même raisin cuvé moins longtemps, mais en n'évitant pas complétement l'accès de l'air, m'a fourni des vins moins agréables, moins colorés, moins alcooliques et chez lesquels la couleur ne s'est pas conservée. Mlle Gervais avait raison, le cuvage à l'abri de l'air est utile pour obtenir une couleur plus forte, plus belle et plus stable.

En définitive, tous les moyens que je viens d'énumérer se traduisent, quant au bouquet, par la formation d'une quantité quasi impondérable de matière, mais qui donne au vin un prix inestimable et tel, que le département de l'Hérault décuplerait ses revenus, s'il parvenait à communiquer cette qualité à tous ses vins. Un mot sur la conservation de ces produits.

Un vin dans lequel tous les éléments du moût ont subi toutes leurs transformations normales se conserve bien et ne redoute guère l'accès de l'air. Mais un vin fait, dans lequel tout n'est pas en équilibre, peut *tourner très-facilement;* les autres, quand ils sont peu alcooliques, ne tendent qu'à tourner à l'aigre. Dans les nouvelles réactions que les matériaux du vin subissent alors, il est remarquable que ce produit perd de sa valeur, non-seulement parce que son cachet, son agrément, se trouvent diminués ou perdus, mais encore parce que l'alcool, qui fait sa valeur absolue, se détruit en grande partie. Un vin qui contenait 11 pour

100 d'alcool a pu, dans l'espace de quelques jours, même sur de grande masses, voir son titre abaissé à 8 et peu à peu jusqu'à 6 pour 100.

Il y a deux ans, j'ai étudié les vins tournés de ce pays. Ces transformations ont toujours pour principe un ferment. On remarque que le premier phénomène se manifeste par la destruction du sucre, qui se change en acide lactique ; la glycérine disparaît ensuite et se retrouve en partie à l'état d'acide propionique ; la quantité d'acide acétique augmente considérablement, à ce point, qu'un vin normal qui fournit 100 grammes d'acétate de soude par hectolitre en fournit 200 et 300 lorsqu'il est tourné ; l'alcool diminue en s'acétifiant, et, pendant que tous ces changements s'accomplissent, le tartre des tonneaux prend part à la transformation et disparaît. De là vient que les vins tournés contiennent plus d'extrait et de matières minérales que les vins normaux. L'acide tartrique du tartre subit lui-même des transformations mal connues, dont l'étude m'occupe depuis quelque temps.

La cause de ces maladies des vins, je l'ai plusieurs fois signalée : ce sont des ferments apportés par l'air, qui vivent aux dépens du sucre et des matières albuminoïdes non transformées que le vin contenait encore, et qui finissent, une fois nés, par porter leur action sur d'autres matériaux ; car, nous le savons, un même ferment peut opérer des fermentaions isomériques aussi bien que des fermentations de composition ou de surcomposition, qui entraînent la destruction de corps sur lesquels ces ferments n'auraient pas eu d'action s'ils avaient été isolés.

Les vins tournés se changent difficilement en vinaigre, et le vinaigre qu'ils fournissent est la mauvaise qualité. Un vin parfait qui n'est pas trop vieux peut tourner à l'acide : c'est là une action toute chimique, qui peut se produire lorsque, par une cause quelconque, l'oxygène passe de son état normal à l'état d'ozone ou d'oxygène actif. Cette action-là peut être provoquée par un être organisé, dont la manière d'agir a si bien été étudiée par M. Pasteur. Vous avez là l'exemple d'un bon vin qui tourne à l'aigre.

Peut-on corriger les vins tournés ? Non ; de ce qui précède, vous devez conclure qu'il faudrait faire subir aux matériaux de ces vins une transformation inverse; faire que l'acide propionique redevînt glycérine, que l'acide acétique redevînt alcool, que le tartre se reconstituât, etc. Tout cela n'est pas possible. Un vin tourné est un vin perdu pour la consommation, il ne peut plus fournir que de l'alcool.

Ce qu'il y a de mieux à faire, c'est d'empêcher les vins de tourner, en suivant les règles qui découlent de la théorie et que les présentes leçons ont eu pour objet de développer.

Ici finit, Messieurs, la tâche que nous nous sommes imposée et que votre empressement, aussi bien que votre constante bienveillance, a rendue si facile. Sans doute, il nous a été impossible de traiter, dans si peu de temps, toutes les faces de l'important sujet que nous avons osé aborder; à peine avons-nous pu esquisser certaines parties, en indiquer d'autres. Néanmoins, nous osons nous flatter de n'avoir laissé dans l'ombre aucune question fondamentale; celles qui ont été soulevées sont d'une telle nature, que sans leur étude l'art de la vinification ne saurait progresser. Espérons que de la discussion de ces points fondamentaux et de l'expérience jaillira la lumière, et que tout ce travail aboutira définitivement au mieux-faire. Ce sera notre plus douce récompense.

FIN

TABLE DES MATIÈRES

PREMIÈRE LEÇON

DEUXIÈME LEÇON

TROISIÈME LEÇON

QUATRIÈME LEÇON

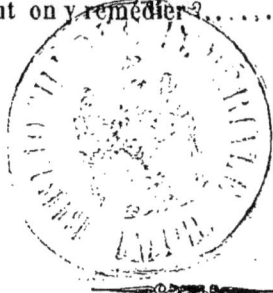

LIBRAIRIE DE C. COULET

GRAND'RUE, 5, A MONTPELLIER

BATILLIAT (P.). Traité sur les vins de France ; des phénomènes qui se passent dans les vins, et des moyens d'en
accélérer ou retarder la marche, etc. Paris, 1846 ; in-8°,
avec planches.................................... 7 fr. 50 c.

CHAPTAL. Traité théorique et pratique sur la culture de
la vigne, avec l'art de faire le vin, les eaux-de-vie, esprit
de vin, vinaigres simples et composés. Paris, 1801 ; 2 vol.
in-8° (épuisé, rare)....................... 18 fr. » c.

CHAPTAL. L'Art de faire le vin ; 3me édition, augmentée
de la Description d'appareil de vinification, par M. L. de
Valcourt. Montpellier, 1839 ; in-8°......... 7 fr. 50 c.

CAZALIS (F.). Instruction populaire sur le soufrage de la
vigne, d'après les travaux de MM. Rose-Charmeux, La-
fargue, Henri Marès, Cazalis-Allut et Jules Itier ; 2me éd.,
revue et augmentée. Montpellier, 1857 ; in-8°. » fr. 40 c.

DUBREUIL. Culture perfectionnée et moins coûteuse du
vignoble. Paris, 1863 ; 1 vol. in-12...... 3 fr. 50 c.

DUPLAIS. Traité des liqueurs et de la distillation des
alcools, eaux et boissons gazeuses. 2 vol. in-8° et 14 planches..................................... 15 fr. » c.

GUYOT (J.). Culture de la vigne et vinification ; 2me édition.
Paris, 1861 ; 1 vol in-12 de 400 pages..... 3 fr. 50 c.

LADREY (C.). Chimie appliquée à la viticulture et à l'œnologie. Montpellier, 1857 ; 1 gros vol. in-12.. 7 fr. » c.

LADREY (C.) L'Art de faire le vin. Paris, 1863 ; 1 vol.
in-8°...................................... 3 fr. » c.

MACHARD (H.). Traité pratique sur les vins ; 3me édition.
1860, in-18.............................. 3 fr. 50 c.

ODART (le comte). Manuel du vigneron. Exposé des divers
procédés de culture de la vigne et de la vinification, etc. ;
3me édition, in-12...................... 4 fr. 50 c.

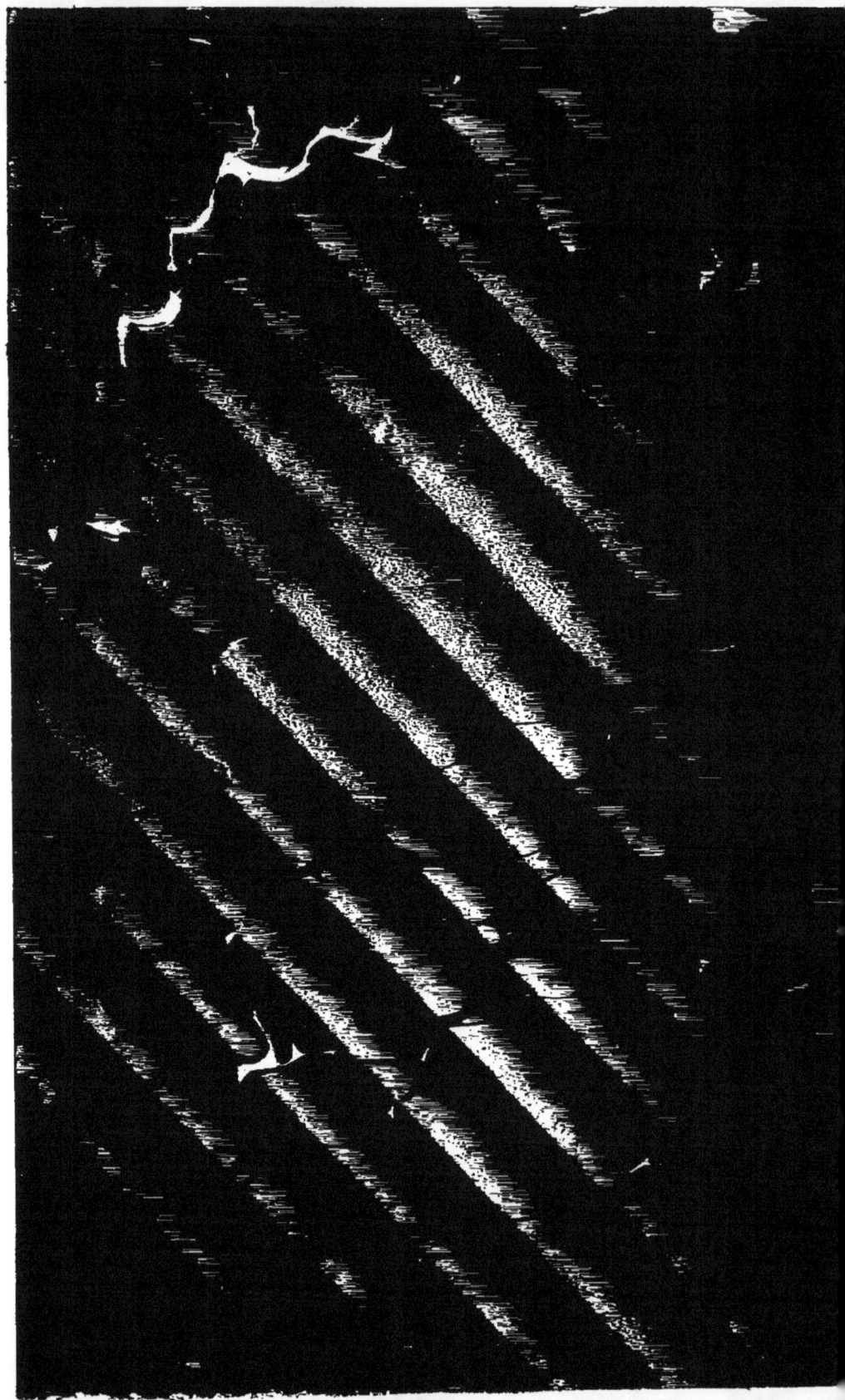

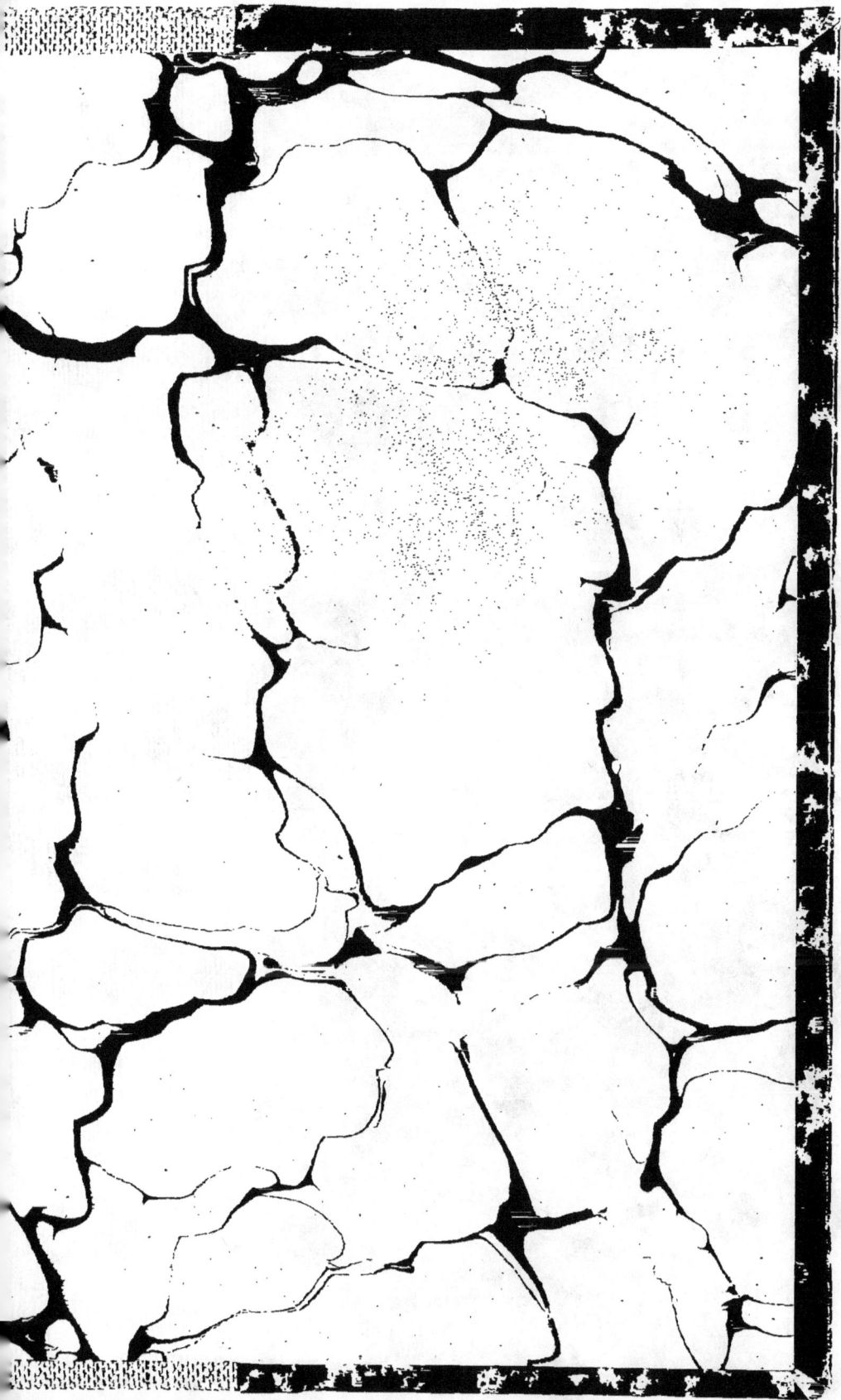